U0284538

Multi-Objective Optimization Problems
Concepts and Self-Adaptive Parameters with Mathematical
and Engineering Applications

多目标优化问题

概念和自适应参数的数学与工程应用

〔巴西〕弗兰·塞尔吉奥·洛巴托（Fran Sérgio Lobato）
〔巴西〕小瓦尔德·斯特芬（Valder Steffen Jr.）　著

孙原理　译

哈尔滨工程大学出版社
Harbin Engineering University Press

黑版审字 08 – 2023 – 043 号

Multi-Objective Optimization Problems: Concepts and Self-Adaptive Parameters with Mathematical and Engineering Applications
by Fran Sérgio Lobato and Valder Steffen Jr.
Copyright Fran Sérgio Lobato and Valder Steffen Jr., 2017
This edition has been translated and published under licence from
Springer Nature Switzerland AG.

Harbin Engineering University Press is authorized to publish and distribute exclusively the Chinses (Simplified Characters) language edition. This edition is authorized for sale throughout Mainland of China. No part of the publication may be reproduced or distributed by any means, or stored in a database or retrieval system, without the prior written permission of the publisher.

本书中文简体翻译版授权由哈尔滨工程大学出版社独家出版并仅限在中国大陆地区销售,未经出版者书面许可,不得以任何方式复制或发行本书的任何部分。

图书在版编目(CIP)数据

多目标优化问题：概念和自适应参数的数学与工程
应用/(巴西)弗兰·塞尔吉奥·洛巴托,(巴西)小瓦
尔德·斯特芬著；孙原理译. —哈尔滨：哈尔滨工程
大学出版社,2023.8
书名原文：Multi-Objective Optimization
Problems：Concepts and Self-Adaptive Parameters
with Mathematical and Engineering Applications
ISBN 978 – 7 – 5661 – 4099 – 9

Ⅰ. ①多… Ⅱ. ①弗… ②小… ③孙… Ⅲ. ①多目标
(数学) – 最优化算法 Ⅳ. ①O242.23

中国国家版本馆 CIP 数据核字(2023)第 160524 号号

多目标优化问题——概念和自适应参数的数学与工程应用
DUOMUBIAO YOUHUA WENTI——GAINIAN HE ZISHIYING CANSHU DE SHUXUE YU GONGCHENG YINGYONG

选题策划	石 岭
责任编辑	张 彦 田雨虹
封面设计	李海波

出版发行	哈尔滨工程大学出版社
社 址	哈尔滨市南岗区南通大街 145 号
邮政编码	150001
发行电话	0451 – 82519328
传 真	0451 – 82519699
经 销	新华书店
印 刷	哈尔滨午阳印刷有限公司
开 本	787 × 1 092 mm 1/16
印 张	9.75
字 数	191 千字
版 次	2023 年 8 月第 1 版
印 次	2023 年 8 月第 1 次印刷
定 价	90.00 元

http://www.hrbeupress.com
E-mail：heupress@hrbeu.edu.cn

前　言

　　现实世界中的问题涉及两个或两个以上(经常是冲突的)目标的同时优化时,自然地被称为多目标优化问题(multi-objective optimization problems,MOOP)。多目标优化问题的解决方法不同于单目标优化问题,主要区别在于多目标优化问题的解由包含各种点的曲线(曲面)表示,从数学角度来看,这些点具有相同的重要性。这类问题的传统处理方法是通过将原始的 MOOP 转化为一个单目标优化问题,这些方法遵循一种基于偏好的方法,采用一个相对偏好向量来标量化多个目标。由于经典的搜索和优化方法采用逐点的方法依次进行修改,因此经典优化方法的结果是一个单一的优化解。然而,进化算法(evolutionary algorithms,EA)基于种群的搜索方法,可以在一次模拟运行中找到多个最优解。因此,EA 非常适用于解决多目标优化问题。

　　在现有的各种 EA 中,本书重点关注差分进化算法(differential evolution,DE)。DE 的关键思想是其背后用于生成试验参数向量的方案。DE 将两个种群向量之间的加权差值加到第三个向量上。DE 的关键控制参数如下:种群规模、交叉概率、扰动率和考虑产生潜在候选对象的策略。

　　在多目标优化中,DE 参数在进化过程中被认为是常数。这虽然简化了算法,但并不遵循在自然界中发现的生物进化的约束。在自然界中,个体数量是持续变化的,当个体适应环境且资源丰富时,数量会增加,否则就会减少。一方面,在表型多样性较高时,早期扩大种群可能是有益的。然而,当个体在结构和适应性两个方面不再证明维持一个大的种群是合理的,从而导致更高的计算成本时,种群就会收缩。这为个体提供了探索设计空间的机会。另一方面,从优化的角度来看,在进化过程的最后,种群的自然趋势是趋于均匀,这意味着当种群规模保持不变时,需要对目标函数进行不必要的评估,从而导致计算成本的增加;对种群大小、交叉参数、扰动率等所需参数进行动态更新,可以加速收敛速度,避免局部最小值。

本书提出了自适应多目标优化差分进化算法(self-adaptive multi-objective optimization differential evolution algorithm,SA-MODE),以减少目标函数的评价次数,并在进化过程中动态更新 DE 参数。该策略利用收敛率的概念动态更新种群大小来评估种群的一致性,其他参数(交叉概率和扰动率)利用种群方差的概念动态更新。将所提出的方法应用于不同复杂程度的数学函数和工程系统设计问题中,主要包括以下领域的测试案例:

(1)悬臂梁设计;

(2)不锈钢的可加工性;

(3)水力旋流器性能优化;

(4)烷基化过程优化;

(5)间歇式搅拌斧式反应器(生化);

(6)结晶过程;

(7)回转烘干机;

(8)转子动力学设计。

本书还将利用 SA-MODE 算法得到的结果与其他进化策略得到的结果进行比较。

著 者
2023 年

目　　录

第1章 绪 论

现实世界的设计本质上是由许多需要优化的标准(目标函数)组成的。在多目标优化问题(MOOP)中,所涉及的目标函数经常会相互冲突。在这种情况下,一个极端解并不能满足所有的目标函数,而其中一个目标函数的孤立最优解也不一定是其他目标函数的最佳解。因此,不同的解决方案会在不同的目标之间产生权衡,需要一组解决方案来代表所有目标函数的最优解。

在目前的文献中,还没有关于 MOOP 最优的普遍定义。然而,对于这类问题,研究人员必须考虑到一个一般的概念,即帕累托曲线(它是非支配解的描述曲线)。MOOP 的最优解概念的范围不是微不足道的,因为,通常由帕累托曲线而决定哪一个解是最好的与决策标准有关[1-4]。因此,处理这类问题的方法不同于考虑单目标优化问题的方法。主要的区别是,多目标优化问题的解是由一组点组成的曲线(曲面)表示的,这些曲线(曲面)都是同样重要的,不同于单目标优化问题的解是由单点[1]给出的。MOOP 的最优概念由 Edgeworth[5]提出,随后由 Pareto[6]进行更新。这个定义是基于一种直观的信念,即如果没有标准不能改进解决方案而至少不恶化其他标准,那么这个点就被视为最优点。从这个概念出发,埃奇沃斯 – 帕累托假设或简单的帕累托假设被制定出来。然后,与得到单一解的单目标问题不同,在 MOOP 中,该解形成了一组构成帕累托曲线的非支配解。一般来说,帕累托曲线应该具有两个主要特征[1]:沿帕累托曲线分布良好的非支配解(以最大限度地提高非支配解的多样性)和导致产生问题的解(收敛性)。

在工程系统设计的背景下,目标函数和约束条件本身都是复杂的。在这类问题中,约束通常由微分方程、代数 – 微分方程或积分 – 微分方程表示,它们代表质量、能量和动量平衡,以及等式和不等式、约束和设计变量(域或设计空间)的边界。代数约束来自物理和/或技术限制,安全、环境和经济要求等。此外,这些优化问题的制定需要不同领域的知识(多学科设计),因为模型可能同时代表各种现象。一般来说,这些模型不存在解析解,或者解析解非常复杂,需要解析得到。

在文献中,可以找到几种求解 MOOP 的方法。这些方法遵循一种基于偏好的方法,其中使用一个相对偏好向量来尺度化多个目标。由于经典的搜索和优化采用逐点的方法,即对解依次进行修改,因此经典优化技术的结果是单一的优化解[1]。用确定性方法确定帕累托曲线导致了各种限制。首先,不可能在一次运行中获得帕累托曲线,因为每次运行都需要定义参数来将MOOP转化为一个单目标问题。此外,这些方法的多种应用并不能保证帕累托曲线的良好近似,特别是在解的多样性方面。其次,一些经典的方法不能处理离散(整数或逻辑)变量、目标函数的不连续和/或约束问题;此外,这些方法在处理最优局部方面遇到了困难[1, 4, 7-8]。

为了克服这些困难,一些不基于目标函数梯度和约束信息的方法被提出。一般来说,这些方法被称为进化算法(EA),由于它们是基于种群的搜索方法,因此可以在一次模拟运行中找到多个最优解。因此,EA非常适合用于多目标优化问题。这些方法是基于自然选择过程、种群遗传学,以及与物理和化学过程的类比。这些策略中有许多是试图模仿自然界中物种的社会行为,其他一些则是纯粹的结构性方法。每种方法的目的都是更新一个候选群体来解决优化问题。这些EAs具有注意和改变其环境的能力,以寻求多样性和趋同。此外,这种能力使种群中个体之间的交流成为可能,捕获候选个体之间的相互作用,从而在下一代[9]中产生更适应的种群。作为EAs的主要缺点,我们可以与确定性方法相比,有大量的客观函数评价。此外,它们还依赖于许多必须由用户定义的参数[1, 8]。

在多目标背景下,使用EA的方法的先驱实现是开发VEGA-向量评估遗传算法[10]。

于是,解决MOOP的新算法的开发已经成功地发展,产生了更好、更有效的代码。在过去的几十年里,通过使用遗传算法、模拟退火、粒子群优化、鱼群优化、蝙蝠群优化、蚁群优化、萤火虫群优化、蜂群优化、水循环算法、细菌觅食优化、差异进化等策略,实现了不同的EAs。

微分进化(DE)由Storn和Price[11]提出,是一种简单且强大的优化策略。该算法是戈德堡遗传算法(GA)[12]的改进版本。DE背后的关键思想是其生成试验参数向量的方案。DE将两个(或更多)总体向量之间的加权差值添加到第三个向量中(随机选择或使用其他策略来选择第三个向量)。所得到的向量是解决优化问题的一个新的候选对象。DE的控制参数如下:种群规模、交叉概率和扰动率(加权向量之间的差值的比例因子)。DE的优点是结构简单、易于使用、处理速度高和鲁棒性[7, 13-15]。

在单目标优化和多目标优化的背景下,DE参数通常被认为是进化过程中的常数。这方面不仅简化了算法,还代表了一个不遵循在自然界中观察到的生物进化的限制。自然现象包括个体数量的持续变化,当个体高度合适且资源丰富时,个体数量会增加,否则就会减少。正如 Vellev[16] 所述,在表型多样性较高的早期,扩大种群可能是有益的。然而,当个体在结构和适合度方面的统一不再证明维持一个导致更高的计算成本的大种群时,种群就会收缩。这方面为个人提供了广泛探索设计空间的机会。另外,从优化的角度来看,在进化过程的最后,种群的自然趋势是趋于均匀的,这意味着对目标函数进行不必要的评估,从而导致计算成本的增加。此外,对种群大小、交叉参数、扰动率等所需参数进行动态更新,可以加速收敛过程,避免局部最小值[17-18]。

本书提出了一种自适应多目标优化微分进化算法(SA-MODE)。该优化策略包括对多目标问题的扩展 DE 算法,通过在原算法中加入两个经典算子,提出了秩排序和与两种方法动态更新 DE 参数及种群大小相关的拥挤距离,以减少目标函数的计算次数。在这种新的优化策略中,利用收敛率的概念动态更新种群规模来评估种群的同质性,并对其他参数(交叉参数和扰动率)使用总体方差的概念进行动态更新[17-18]。然后,将所提出的方法应用于数学函数和工程系统设计,以证明其有效性。因此,这本书的组织方式如下:

第 2 章讨论了关于多目标优化的一般方面,包括数学公式、帕累托优化概念和在 MOOP 公式中使用的度量的定义、约束的处理和解决 MOOP 的方法的分类。第 3 章介绍了将原始 MOOP 转化为单目标优化问题的经典方法,以及与优势概念相关的解决 MOOP 的进化策略。第 4 章回顾了 DE 技术,包括其对多目标环境的扩展,以及提出的在多目标环境中动态更新 DE 参数的方法(SA-MODE)。第 5 章和第 6 章介绍了有关数学和工程测试用例的结果和讨论。最后,在第 7 章中总结了这些结论。

参 考 文 献①

[1] Deb, K.: Multi-Objective Optimization Using Evolutionary Algorithms. Wiley, Chichester(2001). ISBN 0-471-87339-X

[2] Zitzler, E., Thiele, L.: Multiobjective evolutionary algorithms: a comparative case study and the strength pareto approach. IEEE Trans. Evol. Comput. 3 (4), 257-271 (1999)

---

① 译者注:为了忠实原著,便于读者阅读与参考,在翻译的过程中本书参考文献均与原著保持一致。

[3] Zitzler, E. , Deb, K. , Thiele, L. : Comparison of multiobjective evolutionary algorithms: empirical results. Evol. Comput. J. 8(2), 125 – 148 (2000)

[4] Zitzler, E. , Laumanns, M. , Thiele, L. : SPEA II: Improving the strength pareto evolutionary algorithm. Computer Engineering and Networks Laboratory (TIK), Swiss Federal Institute of Technology (ETH) Zurich, Zurich (2001)

[5] Edgeworth, F. Y. : Mathematical Physics, 1st edn. P. Keagan, London (1881)

[6] Pareto, V. : Cours D'Economie Politique, vols. I and II, 1st edn. F. Rouge, Lausanne (1896)

[7] Babu, B. V. , Chakole, P. G. , Mubeen, J. H. S. : Multiobjective differential evolution (MODE) for optimization of adiabatic styrene reactor. Chem. Eng. Sci. 60, 4822 – 4837 (2005)

[8] Lobato, F. S. : Multi-objective optimization for engineering system design. Thesis (in Portuguese), Federal University of Uberlândia (2008)

[9] Yang, X. S. : Nature-Inspired Metaheuristic Algorithms. Luniver Press, Cambridge (2008)

[10] Schaffer, J. D. : Some experiments in machine learning using vector evaluated genetic algorithms. Ph. D Dissertation. Vanderbilt University, Nashville, USA (1984)

[11] Storn, R. , Price, K. : Differential evolution: a simple and efficient adaptive scheme for global optimization over continuous spaces. Int. Comput. Sci. Inst. 12, 1 – 16 (1995)

[12] Goldberg, D. E. : Genetic Algorithms in Search, Optimization, andMachine Learning, 1st edn. Addison-Wesley, Reading (1989)

[13] Babu, B. V. , Angira, R. : Optimization of thermal cracker operation using differential evolution. In: Proceedings of International Symposium and 54th Annual Session of IIChE (CHEMCON – 2001) (2001)

[14] Babu, B. V. , Gaurav, C. : Evolutionary computation strategy for optimization of an alkylation reaction. In: Proceedings of International Symposium and 53rd Annual Session of IIChE (CHEMCON – 2000) (2000)

[15] Price, K. V. , Storn, R. M. , Lampinen, J. A. : Differential Evolution, A Practical Approach to Global Optimization. Springer, Berlin (2005)

[16] Vellev, S. : An adaptive genetic algorithm with dynamic population size for

4

optimizing join queries. In: International Conference: Intelligent Information and Engineering Systems (INFOS 2008), Varna, June-July 2008

[17] Cavalini, A. Ap. Jr., Lobato, F. S., Koroishic, E. H., Steffen, V. Jr.: Model updating of a rotating machine using the self-adaptive differential evolution algorithm. Inverse Prob. Sci. Eng. 24, 504 – 523 (2015)

[18] Zaharie, D.: Control of population diversity and adaptation in differential evolution algorithms. In: Matouek, R., Omera P. (eds.) Proceedings of Mendel 2003, 9th International Conference on Soft Computing, pp. 41 – 46 (2003)

第 2 章　多目标优化问题

在现代工业系统的设计中亟需同时实现越来越多的目标,因此从工业的角度关注更现实的问题,所谓的多标准优化问题(MOOP)(或多目标或向量优化)引起了科学家和工程师的关注。此外,现实世界的应用本质上是由多个(经常)相互冲突的目标函数组成的。与单目标优化不同,这些问题的最优解是获得形成帕累托曲线的非支配解,也称为帕累托最优。本章介绍了多目标优化问题(MOOP)的数学公式、帕累托优化等相关概念。

2.1　介　　绍

在处理 MOOP 时,需要扩展最优化的概念。目前文献中最常见的一个方案是由国王学院的 Francis Ysidro Edgeworth[1]教授提出的,该方案定义了多目标经济决策的最佳方案。基本上,这个多目标问题是由两个假设的消费者要求制定的,分别记为 A 和 B,如下所述:"需要找到这样一个点,无论我们在哪个方向采取无限小的步骤,A 和 B 都不会同时增加,但只要其中一个增加,另一个就会减少。"

Edgeworth 教授提出的概念于 1893 年由瑞士洛桑大学的 Vilfredo Pareto[2]教授加以扩展。帕累托最优可以描述为:"只要存在至少一个人的经济状况好转的同时能够保持其他人的经济状况不恶化,那么就是达到社会资源的最佳分配。"

如今,这个 MOOP 的最优概念被称为 Edgeworth-Pareto 最优,或简称帕累托最优,指的是在所有目标之间找到好的权衡。这个定义要求我们找到一组解,称为帕累托最优集,其对应的元素被称为非支配元素或非次等元素。正如 Bonilla-Petriciolet 和 Rangaiah[3]所述,MOOP 的目的是确定设计变量的向量(x^*),为所有指定的目标函数产生最佳的折中解。可以找到一组具有以下特征的解:如果不恶化优化问题中的一个或多个其他目标,就不可能改进任何一个目标。属于可行搜索区域的向量 x^* 如果不存在可行的向量 x 来改进某些目标函数,而不同时导致至少一个其他目标函数的恶化,则是帕累托最优的[3]。

正如 Deb[4] 以及 Bonilla-Petriciolet 和 Rangaiah[3] 提到的,找到帕累托曲线的主要困难如下:为了处理具有非连续和非凸搜索空间的大型问题,存在各种目标,并且曲线可以是凹的、凸的,或者可能由包括不连续性的凹段和凸段组成,如图 2.1 所示的双目标优化的帕累托曲线。

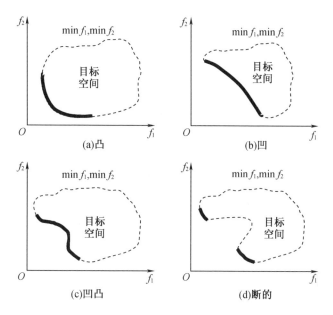

图 2.1 双目标优化的帕累托曲线(**Bonilla-Petriciolet** 和 **Rangaiah**[3])

正如 Deb[4] 以及 Chinchuluun 和 Pardalos[5] 提到的,一个很好的近似帕累托曲线应该具有两个主要特征。第一个是收敛性(可以得到最优解,即从生成的解到帕累托曲线的距离最小化);第二个是多样性(非支配解分布在目标空间,即帕累托曲线中解的多样性是最大化的)。这两个特征如图 2.2 所示。

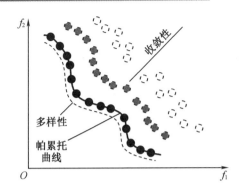

图2.2　帕累托曲线的收敛性和多样性(Deb[4])

2.2　基本概念和定义

如前所述,MOOP的最优定义不同于单目标问题。在这种情况下,有必要引入用来描述优化问题和帕累托最优性的术语,如下定义[4-7]。

定义2.1　目标函数、设计变量和约束的向量:目标函数定义了一个需要改进的系统的特性。从数学上讲,这个特征由一个数学方程式表示,该方程(显式或不显式)依赖于一些数值,这些数值被组织在一个作为设计变量的向量中。在应用中,有必要最小化(或最大化)一个(单目标)或多个(多目标)目标函数。约束条件代表了关于优化问题的解的局限性。这些约束可能代表涉及设计变量、物理限制、安全、环境和经济等方面的信息。

在实际应用中,可以使用两种方法来解决优化问题:(1)直接应用必要条件;(2)迭代优化过程。为了说明这两种策略,考虑由等式定义的公式(2.1),如图2.3所示:

$$\min f(x) = (x_1 - 1)^2 + (x_2 - 1)^2 + x_1^2 \tag{2.1}$$

使目标函数最小化(或最大化)的设计变量向量的确定必须满足最优化必要条件,也就是说,目标函数的梯度(对于无约束问题)应该等于零。数学上,对于式(2.1),可得到以下条件:

$$\frac{\partial f}{\partial x_1} = 0 \rightarrow 4x_1 - 2 = 0 \tag{2.2}$$

$$\frac{\partial f}{\partial x_2} = 0 \rightarrow 2x_2 - 2 = 0 \qquad (2.3)$$

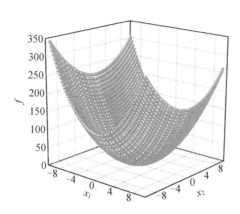

图2.3 式(2.1)的目标函数和自变量

该系统是线性的(在这种情况下是不耦合的,即方程可以独立求解),并且很容易求解($\begin{bmatrix} x_1 & x_2 & f \end{bmatrix} = \begin{bmatrix} 0.5 & 1 & 0.5 \end{bmatrix}$)。直观地看,这种方法似乎非常有趣和容易实现。然而,这是由于所考虑的例子的特殊性。而考虑由等式定义的公式(2.4)时,如图2.4所示:

$$\min f(x) = x_1 \sin(x_1) - x_1 \cos^2(x_2) - x_1 \qquad (2.4)$$

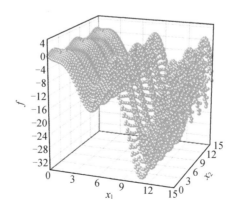

图2.4 式(2.4)的目标函数和自变量

该式的最优化必要条件包括：

$$\frac{\partial f}{\partial x_1} = 0 \rightarrow \sin(x_1) + x_1 \cos(x_1) - \cos^2(x_2) - 1 = 0 \qquad (2.5)$$

$$\frac{\partial f}{\partial x_2} = 0 \rightarrow 2x_1 \cos(x_2) \sin(x_2) = 0 \qquad (2.6)$$

与第一个例子中的线性系统不同，第二个例子是非线性的和耦合的。在这种情况下，需要应用一种特定的方法来求解这两个方程。表 2.1 给出了在不同初始条件 $(x_i^0, i = 1,2)$ 下应用牛顿法得到的结果 $(x_i^*, i = 1,2)$，停止标准定义为欧几里得范数（误差）小于 10^{-5}。

表 2.1　在不同初始条件下采用牛顿法求解式(2.4)的结果

x_1^0	x_2^0	x_1^*	x_2^*	误差	x_1^0	x_2^0	x_1^*	x_2^*	误差
1	1	0.556	1.571	4×10^{-6}	2	2	1.571 0	1.571 0	2×10^{-7}
5	5	5.099	4.713	1×10^{-7}	7	7	7.723 1	3.141 5	1×10^{-10}
10	10	14.065	6.264	7×10^{-6}	12	12	11.261 9	12.566 4	3×10^{-12}
15	15	15.707	15.707	7×10^{-9}	20	20	20.420 4	20.420 4	1×10^{-12}

从表 2.1 可以观察到所找到的解是所考虑的初始条件的函数。从数学的角度来看，由于非线性的存在，一个非线性系统可以得到各种解（式(2.4)和表2.1）。该特性代表了应用该方法处理优化问题的另一个缺点，即该方法取决于目标函数的性质。

作为求解这类问题的替代方法，提出了一个简单的迭代方法。在数学上，该策略定义为

$$X^k = X^{k-1} + \alpha S^{k-1} \qquad (2.7)$$

式中，k 是当前的迭代次数；X^{k-1} 和 X^k 分别代表设计变量向量的初始值和更新值；S^{k-1} 是设计空间中的搜索向量方向；α 是一个标量，定义了沿 S^{k-1} 方向移动的距离[7]。

一般来说，方向 S^{k-1} 定义了用于解决最优化问题的方法。传统上，S^{k-1} 通过使用目标函数的梯度和约束信息来更新优化问题的候选解。因此，考虑对设计变量向量和搜索方向的初始估计，可以将原问题转化为只有标量 α 未知的等价问题。

对于前面的例子，考虑到由式(2.7)和式(2.8)给出的目标函数，新的目标函

数可以写成

$$\min f(x) = x_1^k \sin(x_1^k) - x_1^k \cos^2(x_2^k) - x_1^k \quad (2.8)$$

式中,

$$x_1^k = x_1^{k-1} + \alpha S_1^{k-1} \quad (2.9)$$

$$x_2^k = x_2^{k-1} + \alpha S_2^{k-1} \quad (2.10)$$

若有 x_1^{k-1}、x_2^{k-1}、S_1^{k-1}、S_2^{k-1},则目标函数 $f(x)$ 将只依赖于标量 α。因此,最优必要条件可以转换为以下单维问题:

$$\frac{\mathrm{d}f(\alpha)}{\mathrm{d}\alpha} = 0 \quad (2.11)$$

在该式中可以找到标量的最优值,并用于更新式(2.9)和式(2.10),以及搜索方向 S^{k-1}。如果所考虑的停止准则不满足,则该迭代过程继续进行,直到找到最优解。

式(2.11)也是非线性的,但只有一个变量,与式(2.5)和式(2.6)有两个变量不同。在这种情况下,处理单维问题比处理多维问题更有趣。这种方法被称为顺序方法或间接方法[7-8]。因此,优化问题考虑迭代方法。其主要区别在于候选(或这些候选)更新的方式(即使不使用关于目标函数和约束的梯度的信息)。

定义 2.2 设计空间和目标空间:设计空间的定义考虑了与设计变量和约束函数(等式和不等式约束)相关的下限和上限。目标空间是一种仅在多目标环境中使用的定义,描述了为每个目标函数定义的空间。设计空间上的每个设计变量都对应目标空间中的一个点。图2.5展示了一个双目标优化问题的设计空间和目标空间。

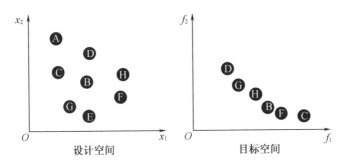

图2.5 一个双目标优化问题的设计空间和目标空间

定义 2.3 可行和不可行的解：一个可行解是满足最优化问题的所有约束条件(变量界、不等式和等式约束条件)的解，而不可行解是不满足一个或多个约束条件的解。

定义 2.4 理想目标向量：该向量被定义为在考虑所有约束条件的多目标优化问题中单独最小化(或最大化)第 i 个目标函数的解(x_i^*)。

传统上，这个概念用于对原始优化问题进行归一化，以避免产生与维数和相对重要性相关的问题。在多目标背景下，重要的是要观察到理想解不一定与 MOOP 的解是相同的。

定义 2.5 线性和非线性 MOOP：如果 MOOP 中的所有目标函数和约束都是线性的，则该问题被定义为一个线性优化问题。而如果一个或多个目标函数和约束函数是非线性的，则该问题被定义为非线性的 MOOP。

定义 2.6 凸和非凸 MOOP：如果所有的目标函数和可行域都是凸的，则该问题是凸的(图 2.1)。

根据 Deb[4] 和 Amouzgar[6] 的研究，凸性是 MOOP 问题中所能观察到的一个重要特征。在这种情况下，在非凸问题中，从基于偏好的方法获得的解不会覆盖权衡曲线的非凸部分。因此，应采用特定方法来解决这类问题。

定义 2.7 MOOP 可以被定义为

$$f(x) = (f_1(x), f_2(x), \cdots, f_m(x)), m = 1, \cdots, M \tag{2.12}$$

满足：

$$h(x) = (h_1(x), h_2(x), \cdots, h_i(x)), i = 1, \cdots, H \tag{2.13}$$

$$g(x) = (g_1(x), g_2(x), \cdots, g_j(x)), j = 1, \cdots, J \tag{2.14}$$

$$x = (x_1, x_2, \cdots, x_n), n = 1, \cdots, N, x \in X \tag{2.15}$$

式中，x 是设计(或决策)变量的向量，f 是目标函数的向量，X 记为设计(或决策)空间。约束向量 h 和 $g(\geqslant 0)$ 决定了可行的搜索域。

定义 2.8 帕累托最优：当集合 P 是整个搜索空间，或 $P = S$ 时，得到的非支配集合 P' 被称为帕累托最优集。

与单目标优化情况下的全局和局部最优解一样，在多目标优化问题中可能存在全局和局部帕累托最优集。

定义 2.9 非支配集：在一组解 P 中，非支配的解集 P' 包含集合 P 中的任何非支配解。

为了确定支配的概念，以购车为例，假设你以价格和舒适性作为强制性的特征,图 2.6 展示了非支配性的概念。该示例由 Deb[4] 提出,后经 Ticona[9] 研究,图中的点应根据非支配概念进行分类,考虑最大化 F_2(舒适性)和最小化 F_1(价格)。

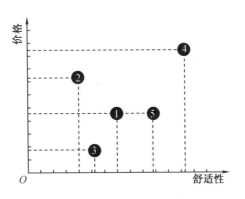

图 2.6　示例的非支配解(Ticona[9])

其目标是最小化 F_1 并最大限度地提高 F_2。在这种情况下,存在五种可能的选项(潜在的解决方案)。直观地说,解 1 可以被丢弃,因为解 5 具有相同的 F_1 值,但 F_2 更优。解 2 也可以出于同样的原因而被丢弃。解 3,4 和 5 在定性上是很好的候选解,但是这些解不能根据支配概念进行分类,即在目标函数之间有一个折中方案。如果一个解的值能在所有目标上都表现最优,则该解称为支配解。如解 5 优于解 1,那么解 5 就不被任何其他解所支配。类似地,对于解 3 和解 4 也可以观察到同样的结论。考虑到每个目标的相对重要性,可以说解 3,4 和 5 是同样好的。因此,存在一组最优解,这个集合称为非支配集,而其他的解(1 和 2)都是支配解。

如 Deb[4] 所述,这两个集合呈现以下属性:(1)非支配集中的任何解对于集合中的其他解都是非支配的,(2)任何不包含在非支配集中的解都应受到非支配集中一个或多个解的支配。

定义 2.10　局部帕累托最优:一个点 $x^* \in X$ 和 $f(x^*)$ 是局部帕累托最优的,当且仅当存在 $\delta > 0$ 使得 x^* 在 $S \cap B(x^*, \delta)$ 是帕累托最优的。

其中,$B(x^*, \delta)$ 是一个以 $x^* \in X$ 为球心,δ 为半径的开球,即 $B(x^*, \delta) = \{x^* \in \mathbb{R}^n \|x - x^*\| < \delta\}$。注意,每个全局帕累托最优解都是一个局部帕累托最优解。然而,反之并不总是正确的。

13

定义 2.11 弱帕累托最优:一个点 $x^* \in X$ 和 $f(x^*)$ 是弱帕累托最优的,当且仅当对于所有的 $i = 1, 2, \cdots, k$,不存在 $x \in X$ 使得 $f_i(x) < f_i(x^*)$。

在这种情况下,所有帕累托最优解都是弱帕累托最优。

2.3 最优条件

本节将介绍公式(2.12)(2.14)和(2.15)描述的 MOOP 最优条件。为了定义这些最优条件,以下关系将被考虑[5]:

$$I(x) = (j \in \{1, 2, \cdots, l\} \mid g_j(x) = 0) \tag{2.16}$$

该方程表示 x 处不等式约束函数中的主动约束,设 $D = \{x \in \mathbb{R}^n \mid g(x) \leq 0, x \in X\}$。

定理 2.1 Karush-Kuhn-Tucker[10]:令 $f, g_j, j = 1, 2, \cdots, l$ 在包含式(2.12)(2.14)和(2.15)的可行解集的开集中是连续可微的,令 x^* 是局部帕累托最优解。假设向量 $\nabla g_j(x^*), j \in I(x^*)$ 是线性独立的,可以定义以下最优条件:

(1) $g_j(x^*) \leq 0, j = 1, 2, \cdots, l$;

(2) 存在向量 $\alpha \in \mathbb{R}^n$ 和 $\lambda \in \mathbb{R}^l$ 使得

$$\sum_{i=1}^{k} \alpha_i \nabla f_i(x^*) + \sum_{j=1}^{l} \lambda_j \nabla g_j(x^*) = 0 \tag{2.17}$$

$$\lambda_j g_j(x^*) = 0, \lambda_j \geq 0, \quad j = 1, 2, \cdots, l \tag{2.18}$$

$$\sum_{i=1}^{k} \alpha_i = 1, \alpha_i \geq 0, \quad i = 1, 2, \cdots, k \tag{2.19}$$

考虑标量值函数:

$$F(x) = \sum_{i=1}^{k} \alpha_i f_i(x) \tag{2.20}$$

这些条件等同于声称 x^* 是标量值函数 $F(x)$ 在相同约束条件情况下的相应优化问题的一个 Karush-Kuhn-Tucker 点。如果这个问题是凸的,则 x^* 是帕累托最优当且仅当 x^* 是相应的标量值函数在与式(2.12)、式(2.14)和式(2.15)中相同的约束集上的全局最小值。如 Chinchuluun 和 Pardalos[5]所述,该定理中上述最优性条件足够保证 x^* 成为凸问题的(全局)帕累托最优解。

定理 2.2 二阶必要条件:设定理 2.1 中描述的目标函数和约束函数在一

个可行点 x^* 处为两次连续可微的。假设向量 $\nabla g_j(x^*)$，$j \in I(x^*)$ 是线性独立的,可定义以下最优条件:

(1) $g_j(x^*) \leqslant 0$，$j = 1,2,\cdots,l$；

(2) 存在向量 $\boldsymbol{\alpha} \in \mathbb{R}^n$ 和 $\boldsymbol{\lambda} \in \mathbb{R}^l$ 使得

$$\sum_{i=1}^{k} \alpha_i \nabla f_i(x^*) + \sum_{j=1}^{l} \lambda_j \nabla g_j(x^*) = 0 \qquad (2.21)$$

$$\lambda_j g_j(x^*) = 0, \lambda_j \geqslant 0, \quad j = 1,2,\cdots,l \qquad (2.22)$$

$$\sum_{i=1}^{k} \alpha_i = 1, \alpha_i \geqslant 0, \quad i = 1,2,\cdots,k \qquad (2.23)$$

$d^{\mathrm{T}}\left(\sum_{i=1}^{k} \alpha_i \nabla^2 f_i(x^*) + \sum_{j=1}^{l} \lambda_j \nabla^2 g_j(x^*) \right)d \geqslant 0$，对于所有

$$d \in \{\nabla f_i(x^*)^{\mathrm{T}}d \leqslant 0, i = 1,2,\cdots,k; \nabla g_j(x^*)^{\mathrm{T}}d = 0; j \in I(x^*)\} \qquad (2.24)$$

数学证明见 Wang[11]。

2.4　收敛性和多样性指标

可以使用各种指标评估解的质量。在已知帕累托曲线的情况下,这些度量值有收敛性和多样性指标。收敛性指标是计算数值解和解析解之间的距离。多样性指标是计算解的扩展度。主要的收敛性和多样性指标如下所示。

2.4.1　误差率(ER)

误差率(ER)枚举了不属于帕累托曲线(P)的 Q 解。数学上[4]:

$$\mathrm{ER} = \frac{\sum_{i=1}^{|Q|} e_i}{|Q|} \qquad (2.25)$$

式中,当 $i \in P$ 时,$e_i = 0$,其他情况下 $e_i = 1$。ER 值越小,收敛性越好。若 ER = 0,说明 Q 从属于 P。

2.4.2 收敛度量(γ)

收敛度量(γ)计算了非支配解 Q 和帕累托曲线之间的距离,如下所示[4]:

$$\gamma = \frac{\sum\limits_{i=1}^{|Q|} d_i}{|Q|} \qquad (2.26)$$

式中,d_i 是解 $i \in Q$ 和最近的帕累托曲线上的点的距离(目标空间)。

2.4.3 代际距离(GD)

代际距离(GD)计算了 Q 和 P 之间的平均距离,如下所示[4]:

$$GD = \frac{\left(\sum\limits_{i=1}^{|Q|} d_i^p\right)^{1/P}}{|Q|} \qquad (2.27)$$

对于 $P = 2$,d_i 是解 $i \in Q$ 和最近的帕累托曲线上的点的欧几里德距离(目标空间)。

2.4.4 扩散(Spc)

扩散(Spc)计算了连续解距离之间的标准差[12],数学上:

$$Spc = \sqrt{\frac{1}{|Q|} \sum\limits_{i=1}^{|Q|} (d_i - \bar{d})^2} \qquad (2.28)$$

式中

$$d_i = \min_{k \in Q, k \neq i} \sum\limits_{m=1}^{M} |f_m^i - f_m^k| \qquad (2.29)$$

其中,变量 d_i 是目标函数 i 和任意其他解 Q 的差的绝对值,d 是 d_i 的平均值。Spc 越小,说明解沿帕累托曲线的分布越好。

2.4.5 细分数量(NC)

细分数量(NC)估计了属于 Q 解的细分数量[12]。

$$NC = \frac{1}{|Q|-1}\sum_{i=1}^{|Q|}|j \in Q, d_{ij} > \sigma| \tag{2.30}$$

式中，d_{ij}是Q集中解i和解j的距离。NC 表示解的距离大于参数σ的数量。如果 NC $< \sigma$，则解i和解j属于同一个细分。NC 越大说明解的分布越好。

2.4.6　多样性度量(Δ)

多样性度量(Δ)计算了目标空间中解的扩展性，如下所示[4]：

$$\Delta = \frac{d_f + d_l + \sum_{i=1}^{|Q|-1}|d_i - \overline{d}|}{d_f + d_l + (|Q|-1)\overline{d}} \tag{2.31}$$

式中，d_i是解$i \in Q$和最近的帕累托曲线上的点的欧几里德距离，$\overline{d}$是它们的平均值。d_f和d_l是P的(极值)解和非支配解(Q)之间的欧几里德距离。

2.5　求解 MOOP 的两种算法

许多作者提出了各种求解 MOOP 的算法。这些方法的分类取决于所需的信息(目标函数和约束的梯度)和考虑目标函数的方式(目标的聚合、不基于帕累托支配准则的算法以及基于帕累托支配准则的算法)。

2.5.1　方法类型

1. 确定性优化(或经典性)算法

确定性优化(或经典性)算法是使用关于目标函数的梯度和约束信息来更新优化问题的候选解的技术。由于计算资源的复杂性，这些技术在科学和工程的各个领域得到了广泛的应用，同时与变分微积分的发展密切相关。然而，这些优化技术可能会在目标函数或约束函数的不连续、非凸函数、全局最优和局部最优时遇到数值困难的问题，难以求解离散(整数或逻辑)变量[7]。

17

2. 非确定性优化(随机)算法

非确定性优化(随机)算法不同于确定性优化,是不使用关于目标函数的梯度和约束信息来更新优化问题的候选解的技术。通常,这些算法基于不同的现象,例如,通过自然选择过程、种群遗传学、与物理和化学过程的类比来生成候选解,模拟自然界中发现的物种行为,或使用纯粹的结构算法。人们对这类算法的兴趣始于1950年前后,当时生物学家使用计算技术模拟了生物系统的行为。非确定性优化(随机)的主要优点是其概念上的简单性,从而不必使用目标函数的梯度和约束来更新优化问题的候选解。此外,这些方法不会将所有的计算精力投入在一个点上,相反,它们会对一群候选对象进行操作。然而,这些方法是随机的,它们的性能因执行而异;此外,目标函数评估的数量明显大于经典算法产生的评估数量[13]。

2.5.2　问题公式

1. 后验算法

后验算法的技术目的是通过目标函数的标度化来找到帕累托曲线或帕累托曲线的一个代表性子集。已有研究提出了关于该技术的各种理论方法。其中包括:法向边界相交、法向约束、连续帕累托优化和有向搜索域[4]。

2. 渐进式(交互式)算法

渐进式(交互式)算法在优化过程中使用时,可以在不使用聚合函数或支配概念[4, 14-15]的方法中找到。这种技术计算效率高,易于实现。

3. 先验算法

先验算法在优化过程启动之前使用,其中用户为目标函数分配权重或排序。这是处理多目标优化问题的各种现有技术中最简单和最明显的一种。因此,将最初涉及 m 个目标函数的问题通过各种聚合准则转化为一个等价问题,从而得到一个单目标问题[4]。

4.非偏好算法

非偏好算法不假设任何关于目标函数的相对重要性的信息。帕累托曲线是通过使用非确定性方法从单次运行中获得的。

2.6 总 结

现实世界的优化问题本质上是多目标的,它们的解决方案应该通过使用特定的技术来得到。本章提出了帕累托最优的最优条件、收敛性和多样性指标,以及解决 MOOP 的算法。由于目标函数的冲突,因此利用帕累托曲线来刻画这类问题的最优解。该曲线旨在获得目标函数和/或设计变量向量的收敛性和多样性。下一章将重点讨论处理 MOOP 的经典和进化方法。

参 考 文 献

[1] Edgeworth, F. Y.: Mathematical Physics, 1st edn. P. Keagan, London (1881)

[2] Pareto, V.: Cours D'Economie Politique, vols. I and II, 1st edn. F. Rouge, Lausanne (1896)

[3] Bonilla-Petriciolet, A., Rangaiah, G. P.: Introduction to multi-objective optimization. In: Rangaiah, G. P., Bonilla-Petriciolet, A. (eds.) Multi-Objective Optimization in Chemical Engineering: Developments and Applications, 1st edn., 528 p. Wiley (2013). ISBN: 978－1118341667

[4] Deb, K.: Multi-Objective Optimization Using Evolutionary Algorithms. Wiley, Chichester (2001). ISBN 0－471－87339－X

[5] Chinchuluun, A., Pardalos, P. M.: A survey of recent developments in multiobjective optimization. Ann. Oper. Res. 154, 29－50 (2007). doi:10.1007/s10479－007－0186－0

[6] Amouzgar, K.: Multi-objective optimization using genetic algorithms. Thesis

presented in School of Engineering in Jönköping (2012)

[7] Vanderplaats, G. N.: Numerical Optimization Techniques for Engineering Design, 3rd edn., 441 pp. VR D Inc., Colorado Springs (1999)

[8] Edgar, T. F., Himmelblau, D. M., Lasdon, L. S.: Optimization of Chemical Processes. McGraw Hill, New York (2001)

[9] Ticona, W. G. C.: Application of multi-objective genetic algorithm for biological sequence alignment. Dissertation, University of Sao Paulo, Sao Carlos (2003) (in Portuguese)

[10] Kuhn, H. W., Tucker, A. W.: Nonlinear programming. In: Neyman, J. (ed.) Proceedings of the Second Berkeley Symposium on Mathematical Statistics and Probability, pp. 481－492. University of California Press, Los Angeles (1951)

[11] Wang, S.: Second-order necessary and suffificient conditions in multiobjective programming. Numer. Funct. Anal. Optim. 12, 237－252 (1991)

[12] Zitzler, E., Deb, K., Thiele, L.: Comparison of multiobjective evolutionary algorithms: empirical results. Evol. Comput. J. 8(2), 125－148 (2000)

[13] Lobato, F. S.: Multi-objective optimization for engineering system design. Thesis (in Portuguese), Federal University of Uberlandia (2008)

[14] Schaffer, J. D.: Some experiments in machine learning using vector evaluated genetic algorithms. Ph. D Dissertation. Vanderbilt University, Nashville, USA (1984)

[15] Zitzler, E., Laumanns, M., Thiele, L.: SPEA II: improving the strength Pareto evolutionary algorithm. Computer Engineering and Networks Laboratory (TIK), Swiss Federal Institute of Technology (ETH) Zurich, Zurich (2001)

第3章 多目标优化问题的处理

用于求解 MOOP 的经典算法(聚合函数算法)是将原始问题转换为一个等价的单目标函数问题。由此,可基于目标函数的梯度和约束信息得到这个单目标问题的解。通常,通过引入新的参数和/或新的约束来促进目标函数的聚合。该方法虽然简单但是存在两个缺点:(1)解的质量取决于参数的选择;(2)不可能在一次运行后获得帕累托曲线。因此,该单目标问题需要运行 n 次来生成属于帕累托曲线的解。需要强调的是,这些参数的变化并不能保证在全局范围内找到帕累托曲线[1]。

为了克服这些缺点,结合支配性概念,本书提出了基于非确定性的算法。该算法的主要优点是能够在一次运行中获得帕累托曲线,这是因为该算法可以使用大量的候选解来处理 MOOP 问题。从这个意义上说,该算法在进化过程结束时自然可以生成属于帕累托曲线的非支配解。该算法的主要缺点是存在大量的目标函数评估,对此我们与确定性算法进行了对比[1, 2]。

本章介绍了将原始 MOOP 转化为等价的单目标问题的主要技术(聚合函数算法)和非确定性技术。

3.1　经典聚合算法

使用经典聚合算法求解 MOOP 如图 3.1 所示。描述如下:

(1)利用特定算法将原始 MOOP 转化为单目标问题;

(2)约束函数的处理;

(3)使用确定性或非确定性的方法对单目标问题进行 n 次求解(对原始 MOOP 转化为单目标问题过程中所考虑的每一组参数运行一次)。经过 n 次运行,可以得到帕累托曲线。

大多数研究是基于先验算法的。在这些算法中,需要根据各种目标函数或考虑不同目标的相对重要性来定义所选的参数(偏好)[3],例如,系数、指数、每个目标函数的常数极限等。这种对参数的强烈依赖性影响了解的质量[1-2,4-5]。下面介绍了将原始 MOOP 转化为单目标问题的主要算法[2-6]。

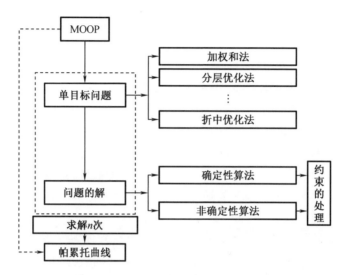

图 3.1　使用经典聚合算法求解 MOOP

3.1.1　加权和法

在 MOOP 问题中聚合目标函数的第一种算法是加权和法（the weighted sum method，WSM）。该算法为每个目标函数定义了加权系数（w_i），有

$$\min f(x) = \sum_{i=1}^{m} w_i f_i(x) \tag{3.1}$$

式中，m 表示目标函数的个数；f 表示目标函数的向量。

假设 $w_i \geqslant 0$ 且：

$$\sum_{i=1}^{m} w_i = 1 \tag{3.2}$$

在式（3.1）中，w_i 不反映目标函数的相对重要性[6]。此外，在工程系统设计过程中，具有不同维数或具有不同量级的目标函数不能直接添加以形成单目标优化方程。为了克服这一困难，式（3.1）可改写为

$$\min f^*(x) = \sum_{i=1}^{m} w_i f_i(x) c_i \tag{3.3}$$

式中，$c_i(i=1,2,\cdots,m)$ 是能够适当缩放各种目标的参数。

通常,这些参数被定义为

$$c_i = \frac{1}{f_i^0} \tag{3.4}$$

式中,$f_i^0(i=1,2,\cdots,m)$ 是目标 i 的理想解,如第 2 章所述。

WSM 简单易实现,对非凸问题计算效率高,可用于获得其他技术的初始估计[2-6]。其主要缺点是,当缺少关于问题的足够信息时,我们很难确定合适的权重[3,6]。因此,MOOP 的解将是这些用于聚合目标函数的系数的一个函数(因此,有必要使用不同的 w_i 值来建立帕累托曲线,也就是说,这个问题必须运行多次)。然而,在这种情况下,通常找不到帕累托曲线的某些部分。此外,一个或多个权重的微小变化可能会导致目标函数值的显著差异。

在非凸问题中,WSM 很难生成帕累托曲线[3-6]。为了验证这一主张,通过一个双目标函数进行几何解释说明,该双目标函数定义为

$$y = w_1 f_1 + w_2 f_2 \tag{3.5}$$

使用 WSM 对 y 的最小化可以解释为试图找到从原点开始的斜率为 $-w_1/w_2$ 的直线与轮廓 C 相切的最小值。如图 3.2 所示,如果帕累托曲线是凸的,那么对于不同的 w_i 值,都存在计算这些点的空间。

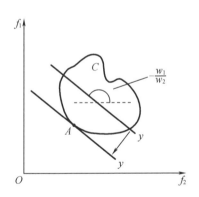

图 3.2　凸帕累托曲线情形下 WSM 的几何解释

而对于非凸情形,有一组点是不能在任何 w_i 的组合下达到的,如图 3.3 所示。

正如 Caramia 和 Dell' Olmo[7] 所述,凸帕累托曲线情形下的充分必要条件可以表述为:如果解集 S 是凸的,并且 m 个目标在 S 上是凸的,x^* 是严格帕累托最优当且仅当存在 $w \in \mathbb{R}^m$ 使得 x^* 是问题的最优解。如果这一条件不成立,那么就只满足了必要条件。因此,对于非凸问题,WSM 不能得到帕累托曲线。为了

克服这一缺点,Kim 和 de Weck[8]提出了一种自适应加权和的算法来求解存在非凸区域的 MOOP 问题。在该算法中,首先使用经典的 WSM 来近似帕累托曲线,并识别出一个帕累托前沿的网格。然后,通过考虑 m 维目标空间分段平面超曲面,施加额外的等式约束,对每个帕累托前沿进行细化。

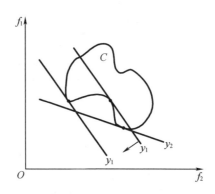

图 3.3　非凸帕累托曲线情形下 WSM 的几何解释

3.1.2　ε-约束法

ε-约束法(the ε-constrain method,ε-CM)是将最偏好的目标函数(由用户定义)最小化,而将其他目标函数视为约束边界 ε_j。因此,一个单目标问题可以在由 ε_j 的函数表示的附加约束条件下求解。为了生成帕累托曲线,需修改 ε_j 的水平。在数学上,该算法的表述如下:

(1)求解第 j 个目标函数的最小值:

$$f_j = \min f_j(x) \tag{3.6}$$

受到以下条件约束:

$$f_j(x) \leqslant \varepsilon_j,\text{对于}j=1,2,\cdots,m\text{ 且 }j \neq i \tag{3.7}$$

式中,ε_j 是我们不想超过的目标函数的假设值。

(2)对参数 ε_j 的不同取值重复上一个步骤,直到决策者找到一个满意的解决方案时停止。

正如 Coello[6]所述,该方法的主要缺点是计算代价巨大,对于具有许多目标函数的问题,目标函数的编码可能相当困难,甚至是不可能实现的。

3.1.3 目标规划法

Charnes 和 Cooper[9] 首次提出了目标规划法（god programming method，GPM）。在该算法中，决策者必须为每个目标函数分配我们希望实现的目标，并与原始问题的附加约束相关联。从数学上讲，该方法可用下式表示：

$$\min \sum_{i=1}^{m} \left| f_i(x) - T_i \right| \tag{3.8}$$

式中，T_i是决策者为第 i 个目标函数（$f_i(x)$）设定的目标。因此，这个新的目标函数被表述为目标值和实际值之间的差的绝对值之和的最小化。

该算法的主要优点是，当在可行域内选择目标点时，计算效率很高。但是该算法主要缺点是目标 T 难以定义[6]。

3.1.4 层次结构优化算法

层次结构优化算法（hierarchical optimization method，HOM）是由 Walz[10] 提出的，该算法基于目标的相对重要性对目标进行排序。按照从 1 到 k 的编号对目标以相对重要性递减的顺序进行排序，按顺序对每个目标函数分别进行最小化。在每一步中添加一个新的约束，并将其写成一个新的目标函数，由前一步的增加或减少（ξ_{h_i}）来表示。

该算法的总体思路如下所示[10]：

（1）求解第一个目标函数的最小值：

$$f_1(x^{(1)}) = \min f_1(x), \ x \in X \tag{3.9}$$

对所有其他的目标函数重复以上步骤。

（2）求解第 i 个目标函数的最小值：

$$f_i(x^{(i)}) = \min f_i(x), \ x \in X \tag{3.10}$$

在以下约束条件下：

$$f_{j-1}(x) \leqslant \left(1 \pm \frac{\xi_{h_j-1}}{100} \right) f_{j-1}(x^{j-1}), \quad j = 2, 3, \cdots, i \tag{3.11}$$

式中，ξ_{h_j-1}是目标函数的增减幅度的系数（百分比值）。符号 + 和 - 分别表示被最小化和最大化的函数。

该算法要求用户基于第 $i-1$ 步得到的最小值为第 i 步提供 ξ_{h_j-1}，这也是该算法的主要缺点。如上所述，通过使用其他聚合函数，这些参数的值会影响最终的解[4, 10]。

3.1.5 折中优化法

由 Vanderplaats[11] 提出的折中优化法(compromise optimization method, COM)是基于多种目标的组合,如下式所示:

$$\min f(x) = \left(\sum_{k=1}^{m} \left\{ \frac{w_k [f_k(x) - f_k^*(x)]}{f_k^{\text{worst}}(x) - f_k^*(x)} \right\}^2 \right)^{0.5} \tag{3.12}$$

式中,w_k是第 k 个目标函数($f_k(x)$)的加权系数;$f_k^*(x)$是第 k 个目标函数的最优取值;$f_k^{\text{worst}}(x)$是第 k 个目标函数的最差取值。

Vanderplaats[11]强调,该算法的主要困难在于权重的选择,以及每个目标函数的最优取值和最差取值。$f_k^{\text{worst}}(x)$通常看作设计变量的初始估计(x_0)下的目标函数取值,$f_k^*(x)$是这个目标函数的期望值,它是最难定义的值。据Vanderplaats[11]所述,$f_k^*(x)$可以取为考虑了原问题的所有约束条件下每个目标函数的最优值(理想解,如第 2 章所述)。虽然该算法代表了一个解决 MOOP 的强大工具,值得一提的是,该解决方案不是唯一的,并且任何参数(w_k,$f_k^{\text{worst}}(x)$和$f_k^*(x)$)的变化都会影响最优解。

3.2 确定性和非确定性算法

上一节介绍了处理 MOOP 的经典聚合算法。为了求解由此得到的单目标问题,可以采用两种不同的算法:①确定性算法;②非确定性算法。确定性算法(deterministic method,DM)是基于目标函数的梯度和约束信息来生成一个新的候选解。非确定性算法(non-deterministic methods,NDM)则不需要梯度信息;他们通过与自然选择过程、遗传学类比,与物理、化学或生物过程甚至结构策略类比,以生成候选解。本节介绍了这些算法中考虑的主要概念。

3.2.1 确定性算法

如前文所述,确定性算法是在用户定义的初始估计的基础上,基于微积分来生成一个新的候选解,以解决优化问题。在数学上,在第 2 章中介绍的生成

新的候选解的递归方程,如下所示:

$$X^k = X^{k-1} + \alpha S^{k-1} \tag{3.13}$$

式中,k 是当前的迭代次数;X^{k-1} 和 X^k 分别表示设计变量向量的初始值和更新值;S^{k-1} 是搜索向量方向;α 是一个标量,它定义了沿 S^{k-1} 方向移动的距离[11]。

在 DM 中,存在两类算法:间接(或顺序)算法和直接算法。间接算法是将原约束问题转化为等价的无约束问题,并利用梯度信息确定搜索方向。可以通过定义伪目标函数(Φ)来实现[11]:

$$\min \Phi = f + r_p \sum_{i=1}^{n} \delta_i (g_i)^2 \tag{3.14}$$

式中,当 $g_i \leq 0$ 时,$\delta_i = 0$;当 $g_i > 0$ 时,$\delta_i = 1$;r_p 是一个正的标量,称为惩罚参数,据 Vanderplaats[11] 所述,这个参数取值小,意味着可能违反一个或多个约束。而这个参数取值大,则会将优化问题变成病态问题。为了克服这个缺点,Vanderplaats[11] 建议在迭代过程的起初考虑较小的 r_p 值,这个值会在迭代过程中被更新。在这种情况下,原约束问题可以转化为一个等价的无约束问题。因此,求解无约束问题的优化技术可以同时应用于无约束优化和有约束优化[11-12]。已有研究介绍了各种间接方法。典型的使用梯度信息的方法包括最陡下降法、共轭方向法、可变度量法、牛顿法(这也需要 Hessian 矩阵)和 Levenberg-Marquardt 方法。每种算法都使用一个不同的方程来更新搜索方向,从而为优化问题生成一个新的候选解。

据 Vanderplaats[11] 和 Edgar 等[12] 所述,间接算法的主要难点一个是在 Jacobian 矩阵和 Hessian 矩阵的计算中出现奇点的可能性。另一个是在复杂的问题(正如在大多数工程应用中发现的)中 Jacobian 矩阵和 Hessian 矩阵不能解析地确定。在这种情况下,有必要使用有限差分公式来近似这些矩阵[11-12]。

直接算法能够在不使用任何类型的转换的情况下处理约束问题。该算法要求在沿着最小化过程做出决策时,单独处理每个约束[11]。基本上,这些算法使用泰勒展开式将目标函数(线性化或转换为一个二次问题)和/或约束函数转换为一个近似问题。转换后的问题比原问题更为简单,经过 n 次求解,直到转换后的问题的解收敛到原问题的解。典型方法包括可行方向法、广义约简梯度法和顺序二次规划法。正如 Edgar 等所述[12],当最优值定位在一个顶点时,这些方法具有快速收敛性。一方面,直接算法可以用于解决大型问题(特别是对于大量的约束函数),其中一些方法并不试图在每次迭代中都满足等式。另一方面,这些方法经常会生成违反约束条件的点,并可能收敛缓慢。

Vanderplaats[11] 和 Edgar 等[12] 的论文中对这些算法进行了综述。

3.2.2　非确定性算法

为了克服基于微积分的算法的主要缺点,相关学者在过去几十年里提出了NDM 算法。基本上,这些算法使用与给定策略相关联的候选种群(对优化问题的解进行估计)来更新该种群,从而为每次迭代生成多个解。一般来说,进化策略具有以下特征[1, 13-14]:①不需要任何关于目标函数的梯度和约束的信息;②易于实现;③可以避免局部最小;④可以通过并行处理实现;⑤能够引导非实数变量(离散、整数、二进制);⑥可用于不可微和非凸问题;⑦可以与量化不确定性和可靠性技术的策略相关联;⑧约束的处理(代数或微分或代数微分或积分微分)比 DM 所需的更为简单(因为只需要将特定的求解器与主代码耦合以处理约束)。这些策略的主要缺点是[1-2, 14]:①每次运行的计算成本比使用基于梯度的方法更高;②进化策略的性能取决于用于生成随机数的种子;③用户应定义的参数数量高于基于梯度的方法;④由于该过程采用了生成随机数种子的函数,因此有必要对结果进行一些统计处理。下面介绍部分 NDM 方法。

1. 遗传算法

用于解决优化问题的最流行的 NDM 方法被称为遗传算法(genetic algorithms,GA)。这种进化策略基于达尔文的适者生存法则[15]。基本上,一组更好的设计是从具有以下特征的上一代中衍生出来的,其特征包括:个体可以自主复制和交配,并将偏好分配给最合适的成员。将种群中交配成员最有利的特征组合起来,可以产生比上一代更合适的新一代。该算法的主要控制参数为种群中的个体数、交叉概率、突变概率和代数[16]。

2. 模拟退火算法

模拟退火算法(simulated annealing algorithm,SAA)将最优化问题中寻找最小值的过程类比为金属逐渐冷却到最小能量状态的过程(在冶金学中的退火)。最小值搜索方法的关键在于避免收敛到一个局部最小值,局部最小类似于在退火过程中存在的亚稳态结构。因此,SAA 是通过分析当前解的邻域来提供避免局部最优的算法,即假定在一定概率内,更差的解也可能找到一条通往全局最优的新路径。

Metropolis 等[17]提出了一种模拟晶体结构演化的算法。该算法的基本思想如下:如果一个金属被加热到其熔点,然后被冷却,相应的结构性质取决于冷却速率;如果金属冷却得足够慢,就会形成大的晶体(稳定状态);然而,如果金属被快速冷却(淬火),晶体将存在缺陷(不稳定状态)。Metropolis 的晶体结构演化算法可用于在组合优化问题中生成配置序列。SAA 被看作一系列的 Metropolis 的晶体结构演化算法,以控制参数递减的顺序来执行。经过一定量的邻域搜索后,温度(控制参数)将相比于当前状态不断降低[18]。

3. 差分进化算法

由 Storn 和 Price[19] 提出的差分进化算法(differential evdution algorithm,DE)是一种不同于大多数进化算法的优化技术。在某种意义上,DE 利用向量运算来生成优化问题的候选解。DE 将种群中两个向量之间的加权差加到第三个向量上,的关键控制参数包括种群规模、交叉常数和扰动率(缩放因子)。DE 的优点是结构简单、易于使用、快速和鲁棒性[2, 20 - 23]。

4. 仿生优化算法

在过去的几十年里,自然界启发了各种优化算法的发展。这些算法被称为仿生优化算法(bio-inspired optimization method,BiOM)。这些算法基于以下策略,即试图模拟自然界中发现的物种的行为,以提取可用于开发简单而稳健的优化策略[24 - 26]。这些系统有能力关注并修改它们的"种群",以寻求多样性和趋同。此外,这种能力使代理之间的通信成为可能,这些代理可以捕获由局部交互引起的当前一代中的变化[27]。最新的仿生策略包括蜂群算法(bees colony algorithm,BCA)[28],鱼群算法(fish swarm alogrithm,FSA)[29] 和萤火虫群算法(firefly colony alogorithm,FCA)[30]。一个典型的 BCA 是模仿蜂群寻找蜂蜜生产原材料时的行为。在每个蜂巢中,招募蜂群(称为侦察兵)来探索新的区域,寻找花粉和花蜜。这些蜜蜂回到蜂巢,分享所获得的信息,以便指示新蜜蜂探索访问到最佳区域,数量与之前的评估成比例。因此,最佳区域将会得到最好的探索,而最糟糕的地区最终会被丢弃。这个循环不断重复,在每次迭代时,侦察兵都会访问新的区域[28]。FSA 是一种基于鱼群行为的随机搜索算法,包括搜索行为、鱼群行为和追逐行为。因此,该优化策略使用点的总体(或群)来识别寻找全局解的最有希望的区域[29]。最后,FCA 的灵感来自生物发光现象中萤火虫的社会行为及其通信方案。该优化策略认为,一个优化问题的解可以被视为一个代理(萤火虫),它在所考虑的问题中按其质量的比例"发光"。因此,更亮的萤火虫更容易吸引它的同伴(不考虑它们的性别),这使得搜索空间可以得到更为有效的探索[30]。

Deb[1],Li 等[29],Lobato[2],Yang[30] 和 Lobato 等[26] 的论文中对这些算法进

行了综述。

3.3 约束的处理

优化问题本质上是由物理限制、环境、经济、操作条件等因素产生的等式和不等式约束构成的。在这个意义上，已有研究提出了各种方法来处理单目标问题的约束问题，其可以扩展到 MOOP。以下介绍了处理约束条件的主要算法。

3.3.1 惩罚函数算法

惩罚函数用于设计算法，由于其概念上的简单性而具有广泛的适用性。这个想法是对优化过程中违反任何约束（等式或不等式）的行为进行惩罚。一般情况下，原始的有约束的优化问题可以通过重新定义目标函数（结果是伪目标函数），改写为无约束的优化问题。因此，任何违反都会受到惩罚，迫使解到达可行区域。从数学上讲，对原始优化问题的重新定义是

$$\min \ \Phi(x, r_p) = f(x) + r_p P(x) \tag{3.15}$$

式中，$\Phi(x, r_p)$ 是伪目标函数；$P(x)$ 是惩罚函数；而 r_p 是一个与 $P(x)$ 相关联的标量。

下面介绍了转换过程的主要算法[11-12]。

3.3.2 内部惩罚函数法

内部惩罚函数法通过用户预先定义的公差来惩罚可行区域内的伪目标函数。惩罚函数为

$$P(x) = r_p' \sum_{j=1}^{m} \frac{-1}{g_j(x)} + \sum_{k=1}^{l} [h_k(x)]^2 \tag{3.16}$$

或者，也可以使用以下方程：

$$P(x) = \sum_{j=1}^{m} -\log[-g_j(x)] \tag{3.17}$$

式（3.17）通常是更为推荐的，因为它在数值上比式（3.16）更优。据 Vanderplaats[11]所述，参数 r_p' 最初取大值（量级为 10^6）在迭代过程中减少到了原来的 0.3。

3.3.3 外部惩罚函数法

当违反任何约束(可行或不可行)时,外部惩罚函数法会惩罚伪目标函数。此时,惩罚函数由下式表示:

$$P(x) = \sum_{j=1}^{m} \{ \max[0, g_j(x)] \}^2 + \sum_{k=1}^{l} [h_k(x)]^2 \qquad (3.18)$$

正如 Vanderplaats[11] 和 Edgar 等[12] 所述,如果 r_p 很小(量极为 10),$\Phi(x, r_p)$ 很容易最小化,但约束条件将迅速被违反。如果 r_p 很大(量级为 10^6),约束条件由于预定义的公差而不会被轻易违反,但大的 r_p 会导致奇点的出现。

3.3.4 增广拉格朗日乘子法

Kuhn-Tucker 提供了一个伪目标函数,该函数将原始目标函数和拉格朗日乘数(与约束和外部惩罚函数相关)相结合。增广拉格朗日乘子法的主要优点是降低了对惩罚参数的选择和更新方式的依赖性。在数学上,这个惩罚函数表示为

$$P(x) = \sum_{j=1}^{m} (\lambda_j \psi_j + r_p \psi_j^2) + \sum_{k=1}^{l} \{ \lambda_{k+m} h_k(x) + r_p [h_k(x)]^2 \} \qquad (3.19)$$

式中

$$\psi_j = \max \left[g_j(x), -\frac{\lambda_j}{2r_p} \right] \qquad (3.20)$$

且

$$\begin{cases} \lambda_j^{p+1} = \lambda_j^p + 2r_p \left\{ \max \left[g_j(x), -\frac{\lambda_j^p}{2r_p} \right] \right\} & j = 1, 2, \cdots, m \\ \lambda_{k+m}^{p+1} = \lambda_{k+m}^p + 2r_p h_k(x) & k = 1, 2, \cdots, l \end{cases} \qquad (3.21)$$

惩罚因子可以是静态的,也可以是动态的。在第一种情况下,对于每个约束,一个惩罚因子在整个迭代过程中保持不变。根据 Vanderplaats[11] 和 Edgar 等[12] 的说法,该因子较大时会导致过早收敛,而该因子较小时则可能收敛太慢。由于静态惩罚因子难以选择,Vanderplaats[11] 和 Edgar 等[12] 建议使用每次迭代中动态更新的因子。他们最初使用较小的惩罚因子(允许小的违规);然后,在迭代过程中,惩罚因子逐渐增加,因此每次迭代中的违规惩罚会越来越严酷。惩罚因子的最大值是预先定义的。

3.3.5 死刑法

死刑法是处理等式和不等式约束的最直接的算法之一。在遗传算法的情况下,该算法简单地去除不可行的解。然而,据 van Kampen 等[31] 所述,该算法的主要缺点是没有探索关于不可行域的信息。此外,因为需要从总体中去除不可行的解,所以该算法的计算成本很高。

3.3.6 基于保存可行解的算法

基于保存可行解的算法中存在专门的算子,负责将不可行解转化为可行解。该算法只考虑线性约束(或线性化)来计算一个可行的配置。此外,还可以使用线性约束(如果原问题有这种约束)来降低设计变量的数量。通过采用特定的算子来更新不等式约束,以保证在可行域内迭代。应用这种算法的一个例子是 Genecop(约束问题数值优化的遗传算法)[16, 32]。

3.4 与支配概念相关的启发式算法

如前所述,MOOP 可以使用标量化算法来求解,也就是说,将原 MOOP 转化为单目标问题。一般来说,该算法的主要缺点是求解单目标问题时依赖于某些参数(偏好信息)。另一个缺点是很难在一次运行中获得帕累托曲线。为了克服这些缺点,提出了与支配概念相关的 NDM 来求解 MOOP。

支配概念认为,从非支配解和支配解出发,算法将倾向于非支配解。此外,当两种解在支配地位上相等时,位于不那么拥挤区域的解将更受青睐[1, 6, 33 - 34]。基于这一特征的算法具备两个不同的目标[1, 13]:①收敛,即找到一组最接近最优解的解;②多样性,即找到一组解来表示最优解的真实分布。

本节介绍了基于这些原理得到帕累托曲线的算法。

3.4.1 向量评价遗传算法

向量评价遗传算法(vector-evaluated genetic algorithm,VEGA)是首个在多目

标环境下成功应用的进化算法。在该算法中,Schaffer[35]通过根据每个目标函数执行独立选择循环,对经典遗传算法(选择、交叉和变异)中考虑的算子进行了修改。在 VEGA 中,种群 P 被随机划分为 k 个大小相等的亚种群($P_1, P_2, \cdots, P_k$)。然后,亚种群 P_i 中的每个解根据目标函数(f_i)分配适应值。使用比例选择进行交叉和变异,从这些亚种群中选择解。根据与单目标 GA 相同的结构,对新种群进行交叉和变异[14, 36]。正如 Gupta 和 Kumar[36]所述,这种算法简单且易于实现。但目标转换的主要缺点是,种群趋向于收敛的解仅对某些目标非常满意,但对其他目标较差。

3.4.2 多目标遗传算法

由 Fonseca 和 Fleming[37]提出的多目标遗传算法(multi-objective genetic algorithm, MOGA)在目标函数方面使用遗传种群的非支配分类,在选择时使用交叉和变异算子[36]。非支配个体被分配到可能的最高适应值,而支配个体则根据其所属域的种群密度进行惩罚。MOGA 的主要优势是其所提出的适应度分配方案和保证帕累托曲线扩散的能力。但 MOGA 可能对帕累托曲线的形状和搜索空间中的解的密度很敏感[36]。

3.4.3 仿帕累托遗传算法

仿帕累托遗传算法(niched-pareto genetic algorithm, NPGA)由 Horn 等[38]提出。该算法基于支配概念,通过竞赛选择过程进化不同的种群。在该进化策略中,随机选择两个个体,并考虑原始种群的一个子集进行比较。如果其中一个是被支配的,而另一个是非支配的,那么非支配的个体就会获胜。该算法假设问题只需要一个答案。在 NPGA 中,选择方法包括两个主要的算子:帕累托支配的竞赛和共享[14]。

3.4.4 非主导排序遗传算法Ⅰ和Ⅱ

该进化优化策略是由 Srinivas 和 Deb[39]提出的,是基于对个体的几层分类[15]的。在这个算法中,种群根据支配概念进行排序,也就是说,所有非支配个体被分为一类。随后,将这些被分类的个体共享,并从当前的种群中移除。当前种群中剩余的个体根据支配概念进行分类。这个过程一直持续到种群中的所有个体都被分类为止。正如 Srinivas 和 Deb[39] 所述,由于排序靠前的个体具有较高的目标值,所以他们总是比其他种群获得更多的复制。Guliashki 等[14]认为,因为帕累托排序必须重复多次,所以 NSGA 不是很有效。为了克服这个缺点,Deb 等[40] 提出了非主导排序遗传算法Ⅱ(non-dominated sorting genetic algorithm Ⅱ,NSGA Ⅱ)。该算法的选择过程中,支配概念与拥挤距离算子的关联构成了选择非支配解的有效策略,通过将最佳父代和获得的最佳子代结合起来,降低了计算成本[14]。

3.4.5　增强帕累托进化算法Ⅰ和Ⅱ

增强帕累托进化算法Ⅰ(strenth pareto evolutionary algorithm Ⅰ,SPEA Ⅰ)由 Zitzler 和 Thiele[41] 提出,并将支配概念应用于初始种群,考虑了包含先前找到的非支配解的文件。在每一代中,非支配的个体将被复制到包含非支配解的文件中,任何支配解都将从文件中删除。然后,对文件中的每一个个体 i 分配一个强度 $S(i) \in [0,1)$。$S(i)$ 表示受 i 支配或等于 i 的个体 j 的数量。通过将支配或等于 j 的所有文件成员 i 的强度值 $S(i)$ 求和,并在末尾添加一个值,可以计算得到种群中个体 j 的目标函数。因此,采用交叉选择程序进行两个种群的结合。最后,经过重组和突变,所产生的后代种群取代了老种群。Zitzler 和 Thiele[41] 认为 SPEA Ⅰ 算法具有如下缺点:

①当所有种群的成员都具有独立于主导关系的相同排名时,SPEA Ⅰ 的选择压力将会大幅减少,在这种特殊的情况下,SPEA Ⅰ 等同于随机搜索算法;

②如果当前一代中的许多个体都是中立的,即它们之间不存在相互支配的关系,则根据支配关系定义的排序难以获得有效信息;

③SPEA Ⅰ 中使用的聚类技术可能会在进化过程中失去非支配解。

为了克服这些缺点,Zitzler 等[34] 提出了 SPEA Ⅱ 算法。该优化策略开发了用于文件截断的新技术,并使用基于密度的选择来尽量减少 SPEA Ⅰ 算法的缺点。

3.4.6　多目标优化差分进化算法

多目标优化差分进化算法(multi-objective optimization differential evolution algorithm,MODE)是 Lobato[2] 提出的。该算法由经典的 DE 算法与特殊算子(排序机制、拥挤距离[1,40]和探索邻域潜在候选解[42])结合,以处理多目标优化问题。该方法被用于解决具有不同复杂度的优化问题。研究表明,MODE 是一种解决 MOOP 问题的有趣算法。下一章将对 MODE 算法进行详细介绍。

3.4.7　多目标优化仿生算法

多目标优化仿生算法的成功促进了 MOOP 求解策略的发展。从根本上说，这些算法都是试图模拟自然界中发现的物种的行为，以更新候选种群来求解优化问题[30]。在此背景下，学者研究了各种算法。Lobato 等[26] 提出了 MOBCA（多目标优化蜜蜂蜂群算法）、MOFCA（多目标优化萤火虫蜂群算法）和 MOFSA（多目标优化鱼群算法）。每种算法都基于不同的策略来生成与排序和拥挤距离机制相关的 MOOP 的候选解[1]。

Deb[1]，Lobato[2]，Guliashki 等[14]，Gupta 和 Kumar[36] 的论文中对这些方法进行了综述。

3.5　总　　结

本章介绍了将原始 MOOP 转换为单目标问题的算法、优化算法的分类、约束的处理，以及基于与支配概念相关的启发式方法。

如前文所述，每种进化算法中所考虑的参数在整个迭代过程中都是恒定的。这一假设简化了数学编码，但存在不遵循自然界中物种进化规律的局限性，例如，自然现象中个体数量的变化。因此，很自然地将种群大小和启发式方法的其他参数作为在进化过程中动态更新的值来获得帕累托曲线。在此背景下，下一章将介绍将差分进化算法扩展到多目标环境中时所考虑的参数动态更新的算法。

参 考 文 献

［1］　Deb, K.: Multi-Objective Optimization Using Evolutionary Algorithms. Wiley, Chichester (2001). ISBN 0 – 471 – 87339 – X

［2］　Lobato, F. S.: Multi-objective optimization for engineering system design. Thesis (in Por-tuguese). Federal University of Uberlândia, Uberlândia

（2008）

[3] Marler, R. T., Arora, J. S.: Survey of multi-objective optimization methods for engineering. Struct. Multidiscip. Optim. 26(1), 369 – 395 (2004)

[4] Osyczka, A.: An approach to multicriterion optimization problems for engineering design. Comput. Methods Appl. Mech. Eng. 15, 309 – 333 (1978)

[5] Osyczka, A.: Multicriterion Optimization in Engineering with Fortran Programs, 1st edn. Ellis Horwood Limited, Chichester (1984)

[6] Coello, C. A. C.: A comprehensive survey of evolutionary-based multiobjective optimization techniques. Knowl. Inf. Syst. 1(3), 269 – 308 (1999)

[7] Caramia, M., Dell'Olmo, P.: Multi-Objective Management in Freight Logistics, 187 pp. Springer, London (2008). ISBN 978 – 1 – 84800 – 381 – 1

[8] Kim, I. Y., de Weck, O. L.: Adaptive weighted sum method for multiobjective optimization: a new method for Pareto front generation. Struct. Multidiscip. Optim. 31, 105 – 116 (2008). doi:10. 1007/s00158 – 005 – 0557 – 6

[9] Charnes, A., Cooper, W. W.: Management Models and Industrial Applications of Linear Programming. Wiley, New York (1961)

[10] Walz, F. M.: An engineering approach: hierarchical optimization criteria. IEEE Trans. Autom. Control 12, 179 – 191 (1967)

[11] Vanderplaats, G. N.: Numerical Optimization Techniques for Engineering Design, 3rd edn., 441 pp. VR D INC., Colorado Springs, CO (1999)

[12] Edgar, T. F., Himmelblau, D. M., Lasdon, L. S.: Optimization of Chemical Processes. McGraw-Hill, New York (2001)

[13] Deb, K.: Current trends in evolutionary multi-objective optimization. Int. J. Simul. Multidiscip. Des. Optim. 1, 1 – 8 (2007). doi:10. 1051/ijsmdo:2007001

[14] Guliashki, V., Toshev, H., Korsemov, C.: Survey of evolutionary algorithms used in multiob-jective optimization. Probl. Eng. Cybern. Robot. 60, 42 – 54 (2009)

[15] Goldberg, D. E.: Genetic Algorithms in Search, Optimization, and Machine Learning, 1st edn. Addison-Wesley, Reading (1989)

[16] Michalewicz, Z., Janikow, C. Z.: Handling constraints in genetic algorithms. In: Proceedings of the 4th International Conference on Genetic Algorithms, pp. 151 – 157 (1991)

[17] Metropolis, N., Rosenbluth, A. W., Rosenbluth, M. N., Teller, A. H.: Equation of state calculations by fast computing machines. J. Chem. Phys. 21(6), 1087 – 1092 (1953)

[18] Lobato, F. S., Assis, E. G., Steffen, V. Jr., Silva Neto, A. J.: Design and identification problems of rotor bearing systems using the simulated annealing algorithm. In: Tsuzuki, M. S. G. (ed.) Simulated Annealing-Single and Multiple Objective Problems, pp. 197 – 216. InTech, Rijeka (2012). ISBN 978 – 953 – 51 – 0767 – 5

[19] Storn, R., Price, K.: Differential evolution: a simple and efficient adaptive scheme for global optimization over continuous spaces. Int. Comput. Sci. Inst. 12, 1 – 16 (1995)

[20] Babu, B. V., Angira, R.: Optimization of thermal cracker operation using differential evolution. In: Proceedings of International Symposium and 54th Annual Session of IIChE (CHEMCON – 2001) (2001)

[21] Babu, B. V., Chakole, P. G., Mubeen, J. H. S.: Multiobjective differential evolution (MODE) for optimization of adiabatic styrene reactor. Chem. Eng. Sci. 60, 4822 – 4837 (2005)

[22] Babu, B. V., Gaurav, C.: Evolutionary computation strategy for optimization of an alkylation reaction. In: Proceedings of International Symposium and 53rd Annual Session of IIChE (CHEMCON – 2000) (2000)

[23] Price, K. V., Storn, R. M., Lampinen, J. A.: Differential Evolution, A Practical Approach to Global Optimization. Springer, Berlin/Heidelberg (2005)

[24] Lobato, F. S., Sousa, J. A., Hori, C. E., Steffen, V. Jr.: Improved bees colony algorithm applied to chemical engineering system design. Int. Rev. Chem. Eng. (Rapid Commun.) 6, 1 – 7 (2010)

[25] Lobato, F. S., Steffen, V. Jr.: Solution of optimal control problems using multi-particle collision algorithm. In: 9th Conference on Dynamics, Control and Their Applications, June 2010

[26] Lobato, F. S., Souza, M. N., Silva, M. A., Machado, A. R.: Multi-objective optimization and bioinspired methods applied to machinability of stainless steel. Appl. Soft Comput. 22, 261 – 271(2014)

[27] Parrich, J., Viscido, S., Grunbaum, D.: Self-organized fish schools: an examination of emergent properties. Biol. Bull. 202 (3), 296 – 305

（2002）

[28] Pham, D. T. , Kog, E. , Ghanbarzadeh, A. , Otri, S. , Rahim, S. , Zaidi, M. : The bees algorithma novel tool for complex optimisation problems. In: Proceedings of 2nd International Virtual Conference on Intelligent Production Machines and Systems. Elsevier, Oxford (2006)

[29] Li, X. L. , Shao, Z. J. , Qian, J. X. : An optimizing method based on autonomous animate: fish swarm algorithm. Syst. Eng. Theory Pract. 22 (11) , 32 – 38 (2002)

[30] Yang, X. S. : Nature-Inspired Metaheuristic Algorithms. Luniver Press, Cambridge (2008)

[31] van Kampen, A. H. C. , Strom, C. S. , Buydens, L. M. C. : Lethalization, penalty and repair functions for constrained handling in the genetic algorithm methodology. Chemom. Intell. Lab. Syst. 34(1) , 55 – 68 (1996)

[32] Michalewicz, Z. , Logan, T. , Swaminathan, S. : Evolutionary operators for continuous convex parameter spaces. In: Proceedings of the 3rd Annual Conference on Evolutionary Program-ming, pp. 84 – 97 (1994)

[33] Zitzler, E. , Deb, K. , Thiele, L. : Comparison of multiobjective evolutionary algorithms: empirical results. Evol. Comput. J. 8(2) , 125 – 148 (2000)

[34] Zitzler, E. , Laumanns, M. , Thiele, L. : SPEA II: improving the strength pareto evolutionary algorithm. In: Computer Engineering and Networks Laboratory (TIK) , Swiss Federal Institute of Technology (ETH) Zurich, Zurich (2001)

[35] Schaffer, J. D. : Some experiments in machine learning using vector evaluated genetic algorithms. Ph. D Dissertation. Vanderbilt University, Nashville, USA (1984)

[36] Gupta, I. K. , Kumar, J. : VEGA and MOGA an approach to multi-objective optimization. Int. J. Adv. Res. Comput. Sci. Softw. Eng. 5(4) (2015). ISSN:2277 128X

[37] Fonseca, C. M. , Fleming, P. J. : Genetic algorithms for multiobjective optimization: formulation, discussion and generalization. In: Forrest, S. (ed.) Proceedings of the 5th International Conference on Genetic Algorithms, San Mateo, CA, University of Illinois at Urbana-Champaign, pp. 416 – 423. Morgan Kauffmann Publishers, SanFrancisco (1993)

[38] Horn, J. , Nafpliotis, N. , Goldberg, D. E. : A niched pareto genetic

algorithm for multiobjective optimization. In: Proceedings of the First IEEE Conference on Evolutionary Computation, IEEE World Congress on Computational Intelligence, vol. I, pp. 82 – 87. IEEE Service Center, Piscataway, NJ (1994)

[39] Srinivas, N., Deb, K.: Multiobjective optimization using nondominated sorting in genetic algorithms. Evol. Comput. 2(3), 221 –248 (1994)

[40] Deb, K., Pratap, A., Agarwal, S., Meyarivan, T.: A fast and elitist multiobjective genetic algorithm: NSGA – II. IEEE Trans. Evol. Comput. 6 (2), 182 –197 (2002)

[41] Zitzler, E., Thiele, L.: Multiobjective evolutionary algorithms: a comparative case study and the strength pareto approach. IEEE Trans. Evol. Comput. 3 (4), 257 –271 (1999)

[42] Hu, X., Coello, C. A. C., Huang, Z.: A new multi-objective evolutionary algorithm: neighborhood exploring evolution strategy. Eng. Optim. 37, 351 –379 (2005)

第4章 自适应多目标优化的差分进化算法

在过去的几十年中,已经提出了各种不依赖于目标函数的梯度和约束信息的算法。这些算法大多基于进化原理。从这个意义上讲,所谓的进化算法包括致力于模仿特定自然(物理/化学/生物)现象、自然界中观察到的物种社会行为或纯粹的结构策略。这种算法由于其鲁棒性和在实际优化问题中成功工作的能力而引起了研究人员的关注,其中一些进化算法如下:遗传算法、模拟退火算法、蚁群算法、粒子群优化算法、萤火虫算法、鱼群优化算法、蜂群算法和差分进化。由于这些优化策略在解决单目标问题时取得了成功,因此它们已被扩展到多目标场景中。

进化算法在传统上所需的参数值在进化过程中被认为是恒定的。虽然这一假设简化了计算代码,尽管文献在不同的测试用例中给出了良好的计算结果,但使用常数参数并不能避免出现过早收敛或与参数敏感性有关的困难[1-2]。专业文献建议为不同的研究案例设置一组初始化参数。对于每个案例研究,一组优化后的参数会对优化问题的解决和目标函数评估数量的缩减进行很好的折中。

在此背景下,本章旨在开发一个系统策略动态更新最传统的进化算法之一——差分进化算法(DE)的参数。重新审视 DE 技术,从而使其扩展到多目标场景中,即 SA-MODE。

4.1 差分进化:简要回顾

DE 是由 Storn 和 Price[3] 提出的一种解决优化问题的进化策略。这种优化技术是基于简单的向量操作来生成候选算法,这不同于用于此目的的其他进化算法的突变和重组方案。DE 通过在两个个体之间向第三个个体之间添加一个加权差分向量来执行其突变操作。然后,突变个体与上一代产生的相应个体进行离散交叉和贪婪选择,产生后代。

DE 的关键控制参数如下:种群规模(population size,NP)、交叉率(crossover rate,CR)、扰动率(perturbation rate,F),以及用于生成解决优化问题的潜在候选对象的策略类型。DE 算法的规范伪代码如下。

差分进化算法:

① 初始化和评估种群 P

② While(没有完成){

③ for($i=0$;$i<$NP;$i++$)

④ 创建备选解 $C[i]$

⑤ 评估备选解

⑥ if(备选解 $C[i]$ 优于 $P[i]$)

⑦ $P_0[i] = C[i]$

⑧ else

⑨ $P_0[i] = P[i]$

⑩ $P = P_0$}

⑪ 创建备选解 $C[i]$

⑫ 随机选择父母 $P[i_1]$、$P[i_2]$ 和 $P[i_3]$

⑬ 其中,i、i_1、i_2、i_3 是各不相同的

⑭ 创建初始备选解

⑮ $C'[i] = P[i] + F \times (P[i_2] - P[i_3])$

⑯ 通过将 P 和 C 的基因杂交,创建最终的候选基因 C,具体如下:

⑰ for($i=0$;$i<$NP;$i++$){

⑱   if($r<$CR)

⑲ $C[i][j] = C'[i][j]$

⑳   else

㉑ $C[i][j] = P[i][j]$}

㉒ end

P 是当前一代的总体,P' 是要为下一代构造的总体,$C[i]$ 是总体指数 i 的候选解,$C[i][j]$ 是 $C[i]$ 的解向量中的第 j 个条目,r 是随机的大小在 0 和 1 之间的数字。

Storn 和 Price[3] 以及 Price 等[4] 给出了一些简单的选择 DE 的关键参数的简单规则。通常情况下,NP 应该是问题维度的 5~10 倍(即设计变量的数个数)。F 的取值范围为 0.4~1.0。最初,可以尝试 $F = 0.55$,如果种群早熟收

敛,则应该增加 F 和/或 NP。Price 等[4]提出了各种突变方案,通过并结合从当前总体中随机选择的向量来生成新的备选解,如式(4.1)所示。

$$\text{rand/bin/1} \rightarrow x = x_{r1} + F(x_{r2} - x_{r3})$$
$$\text{rand/bin/2} \rightarrow x = x_{r1} + F(x_{r2} - x_{r3} + x_{r4} - x_{r5})$$
$$\text{rand/best/1} \rightarrow x = x_{r1} + F(x_{best} - x_{r1} + x_{r1} - x_{r2})$$
$$\text{rand/best/2} \rightarrow x = x_{r1} + F(x_{best} - x_{r1}) + F(x_{r1} - x_{r2} + x_{r3} - x_{r4}) \quad (4.1)$$

式中,x_{r1}、x_{r2}、x_{r3}、x_{r4} 和 x_{r5} 是随机选择的备选解,x_{best} 的是与最佳适应度值相关联的备选解,它们都存在于当前一代的总体中(在 DE 中,向量 x 的规范伪代码用 C' 表示)。

DE 已成功地应用于各个研究领域的单目标问题和多目标问题。作为例子,我们可以引用:滴床反应器传热参数估计[5],热集成蒸馏系统的合成和优化[6],机械结构的多目标优化[7],解决用于发酵过程的指数波动问题[8],解决双层参与介质[9],旋转干燥机[10]的干燥参数估计,水果干燥的表观热扩散率估计[11],真实系统[12]中吉布斯自由能最小化,估计空间相关的单散射反照率在辐射传输问题[13-16],无功功率调度[17],动态优化设计的工业环氧乙烷[18],使用 DE 并结合个人改进方案和基于贪婪算法的本地搜索的混合策略解决流车间调度问题[19],振动控制的压电传感器和执行器使用模糊控制系统优化多目标差分进化[20],旋转机器的模型更新使用自适应差分进化[21],鲁棒的多目标优化解决最优控制问题[22],确定最优控制策略在肿瘤治疗中使用多目标优化差微分进化[23],及其在其他领域应用[4]。

对 DE 算法的详细描述可以参阅 Price 等[4]的文章。

4.2 差分进化:综述

如前文所述,由于使用进化优化策略成功地获得了涉及工程和科学领域的不同测试用例的解决方案,因此提出了在多目标背景下的各种算法。基本上,一种新的通用多目标优化算法应该显示出三种策略,如图 4.1 所示。

(1)生成 MOOP 的候选解决方案,即采用进化的方法生成新的种群;

(2)根据支配标准对种群进行分类,即帕累托曲线是在进化过程结束后进行表征;

(3)减少了属于当前解的个体数量(这条曲线的非支配极端点不能在进化过程中被消除,以保持客观空间的多样性)。

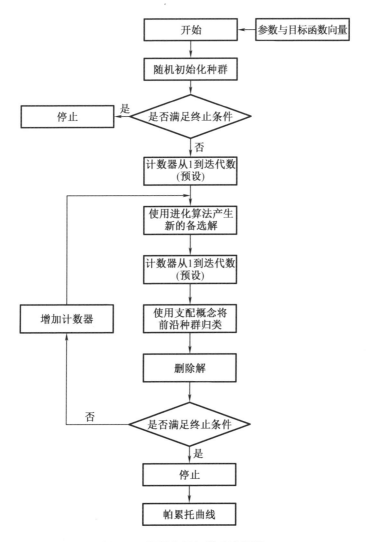

图4.1　通用多目标算法流程图

在文献中,可以找到一些将 DE 扩展到多目标背景的尝试。其中最具代表性的简要描述如下:

(1)帕累托差分进化(Pareto differential evolution,PDE)[24]:这种算法只处理一个(主要的)种群。繁殖只在非支配的解决方案中进行,如果后代支配主亲,就会被放入种群中,采用距离关系度量来保持多样性;

(2)帕累托差分进化算法(Pareto differential evolution algoridm,PDEA)[25]:

它将 DE 与 NSGA Ⅱ[26]中的关键元素相结合，如其非主导的排序和排序选择过程；

（3）多目标差分进化（multi-objective differential evolution，MDE）[27]：它使用原始 DE 的一个变体，采用其中最好的个体来创造后代，此外，作者采用帕累托排名和拥挤距离来产生和保持良好分布的解决方案；

（4）向量评估差分进化（vector-evaluated differential evolution，VEDE）[28]：这是一种并行的、多种群的 DE 算法，基于向量评估遗传算法（vector-evaluated genetic algorithm，VEGA）[29]；

（5）非主导排序差分进化（non-dominated sorting differential evolution，NSDE）[30]：该算法对 NSGA Ⅱ[26]进行了一个简单的修改，其中 NSGA Ⅱ 的真实编码交叉和突变算符被 DE 方案取代；

（6）差分进化多目标优化（differential evolution multi-objective optimization，DEMO）[31]：它结合了 DE 的优势和基于帕累托的排序和拥挤距离排序的机制，其中，新创建的备选解会立即参与后续备选解的创建；

（7）多目标优化差分进化（differential evolution multi-objective optimization，MOED）[32]：该算法结合了 DE 和 Pareto 的方案，应用于工业绝热苯乙烯反应器，并对其进行优化；

（8）具有自适应柯西突变的多目标差分进化算法（multi-objective differential evolution algorithm with adaptive cauchy mutation，MODE-ACM）[33]：该算法采用精英文档，通过修改与自适应柯西突变相关的 DE 算子，保留在进化过程中获得的非支配解，以避免过早收敛；

（9）多目标差分进化与基于排名的突变算子（multi-objective differential evolution with ranking-based mutation operator，MOD-RMO）[34]：在这种情况下，将基于排名的突变算子与多目标微分进化算法相关联，以加速收敛。在该算子中，具有较好的非优势前沿数和拥挤距离的个体被选择参与突变算子的概率较大；因此，它有利于将良好的信息从种群传播给后代。

Lobato[35]提出了多目标优化差分进化（MODE）。这种进化策略是基于 DE 的扩展，通过在原始算法中加入三个算子来求解问题，即排序机制、拥挤距离和邻域潜在备选解的搜索。在本书中提出的方法是基于 MODE 的。

MODE 的结构如下：随机生成一个大小为 N 的初始种群。通过快速非支配排序操作符[26,36]从总体中删除所有被支配的解决方案。这样，种群就被划分为非支配前沿 F_j（彼此之间没有占支配地位的向量的集合）。重复这个过程，直到每个向量都是一个前沿的成员。从种群中随机选择三个父母。从这三个父母生成一个孩子(持续这个过程,直到生成 NP 孩子)。从种群 P_1、大小为 2NP 的个体开始,为种群中的每个个体生成邻居,方法如下[37]:

$$\chi(x) = [x - D_k(g)/2, x + D_k(g)/2] \tag{4.2}$$

其中

$$D_k(g) = \frac{k}{R}[U - L] \tag{4.3}$$

式中,$D_k(g)$ 是空间 $\mathbb{R}^n$ 上的一个向量以及代数计数器 g 的函数。R 为用户定义的伪前沿数,种群的初始最大邻域大小为 $D_k(0) = [U - L]$,其中 L 和 U 表示变量的下界和上界。每个伪前沿中预定义的个体数由[37]给出:

$$n_k = rn_{k-1} \quad k = 2, 3, \cdots, R \tag{4.4}$$

式中,n_k 为第 k 个前沿的个体数,$r(<1)$ 为减少率。对于具有 NP 个体的给定种群,n_k 可计算为

$$n_k = N\frac{1-r}{1-r^R}r^{k-1} \tag{4.5}$$

据 Hu 等[37]的研究成果,如果 $r<1$,则第一个伪前沿的个体数最高,每个伪前沿解的数量呈指数减少,因此强调局部搜索。相反,r 的值越大,在最后一个伪前沿越会得到更多的解,因此强调全局搜索。

生成的邻居根据支配准则进行分类,只有非支配邻居(P_2)将与 P_1 形成 P_3。种群 P_3 根据支配标准进行分类。当种群中的个体数 P_3 大于用户定义的数字时,根据称为拥挤距离[26,36]的标准进行截断。拥挤距离描述了一个向量周围的解的密度。为了计算一组总体成员的拥挤距离,根据其目标函数值对向量进行排序。对于具有最小或最大值的向量,则分配具有无限的拥挤距离(或任意大的为实际目的而使用的数字)。对于所有其他向量,拥挤距离的计算方法如下:

$$\text{dist}_{x_i} = \sum_{j=0}^{m-1} \frac{f_{j,i+1} - f_{j,i-1}}{|f_{j,\max} - f_{j,\min}|} \tag{4.6}$$

式中,f_j 对应于第 j 个目标函数;m 等于目标函数的个数。

在文献[38]中,Vanderplaats 通过静态惩罚方法对约束条件进行了处理,并认为参数选择困难是该方法的主要缺点,因为没有一般的规则来确定这些参数。为了克服这一缺点,Castro[39]提出了一种方法,即将每个目标归因限值,以发挥惩罚参数的作用。Vanderplaats 认为保证任何非支配解支配任何违反至少一个约束的解。同样地,任何违反一个约束的解决方案都将主导任何出现两个约束违反的解决方案,以此类推。这样,就得到了解的层,因此违反约束的数量对应于解的秩。对于一个有约束的问题,包含要考虑的目标函数的向量为

$$f(x) \equiv f(x) + r_p n_{\text{viol}} \tag{4.7}$$

式中, $f(x)$ 是目标函数的向量; r_p 是所考虑问题类型有关的惩罚参数向量; n_{viol} 是违反约束条件的数量。

图 4.2 给出了 MODE 算法的流程图。关于这个多目标算法的更多细节可以参阅[35][40]。

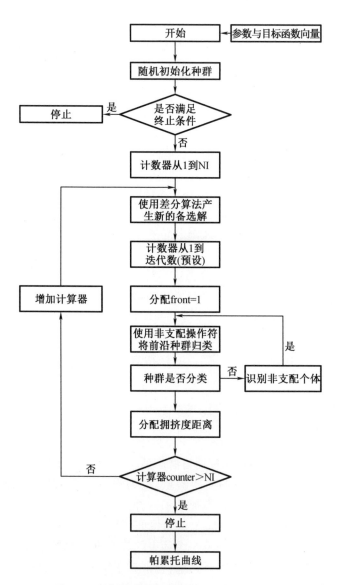

图 4.2　MODE 算法流程图（NI 为迭代次数）

4.3　自适应参数:动机

如前文所述,DE 参数的选择可以影响全局最优的搜索过程和目标评估函数的总数。为了评估对种群同质性的影响,即在进化过程中所有个体具有相同目标函数的配置,考虑采用以下数学函数[41]进行说明:

$$\min f = x_1 \sin(4x_1) + 1.1 x_2 \sin(2x_2) \tag{4.8}$$

式中,$x_i (i=1,2)$是定义在 $0 \leqslant x_1$、$x_2 \leqslant 10$ 上的设计变量。该问题给出了各种局部最优和一个全局最优 $[x_1 \quad x_2 \quad f] = [9.04 \quad 8.67 \quad 18.55]$。

为了解决这个问题,采用以下针对 DE 的配置:$DE_1 (CR = 0.1$ 和 $F = 0.3)$、$DE_2 (CR = 0.5$ 和 $F = 0.5)$ 和 $DE_3 (CR = 0.8$ 和 $F = 1.2)$,其中 CR 为交叉概率,F 为扰动率。对于每个配置,均考虑以下附加参数:种群大小(50)和 rand/bin/1 策略(式(4.1))用来确定完成进化过程的停止标准是种群的同质性。此外,考虑到种子集的不同,所有的配置都运行了 10 次 $[0,1,2,\cdots,9]$ 以初始化随机生成器。此外,如果在当前一代的目标函数中,平均值和最差值之间的差值模小于 1×10^{-10},则总体是同质的。

图4.3 给出了式(4.8)所示目标函数 f 的演化过程,选取的相关参数 CR = 0.8,$F = 1.2$,rand/bin/1(式(4.1))和初始种子生成的随机生成器等于 9。

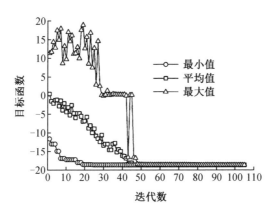

图 4.3　Haupt RL 和 Haupt SE 提出的数学函数在进化过程中的种群演化

这次运行中,在第 50 代时种群中的每个个体都呈现出相同的目标函数值,这是一个重要的发现,即发现了种群的同质性。由于个体具有相同的目标函数值,因此没有必要评估所有的候选对象或使用这个种群规模。直观地说,开始计算种群中大量个体的过程可能是有益的。即为第一代选择了种群中最大的个体数(在本例中个体个数为50),以确保多样性。一方面,这一特点为总体提供了探索设计空间的机会,促进了找到全球最优的更好机会。另一方面,从优化的角度来看,在进化过程的最后,随着种群的自然趋势趋于均匀,非必要的目标函数评价增加了计算成本。在这种情况下,种群规模可能假定一个最小值,这可能仍然允许探索设计空间的新区域,以及对当前解决方案的细化。

图 4.4 显示了 DE 参数的选择对获得全局最优所需代数的影响,作为初始化随机生成器的初始种子的函数。在图中可以观察到参数 CR 和 F 的值影响迭代数,从而影响目标函数评估的数量以找到全局最优(DE 算法总是为所有测试的配置找到全局最优)。对于已确定的测试用例,默认集很有趣,但对于目标函数评估的数量而言,它不能是其他应用程序的最佳集。在实践中,这些参数的选择代表了技术用户的压力,有必要通过各种数值实验来确定最佳参数集,以找到全局最优,并减少目标函数评估的数量。

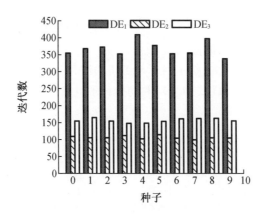

图 4.4　Haupt RL 和 Haupt SE[41] 提出 DE 参数对数学函数所需迭代数的影响

对于多目标优化问题,也可以进行相同的分析。为此,考虑表示凸帕累托曲线的 ZDT1 函数[42]:

$$\begin{cases} f_1(x) = x_1 \\ g(x_2, \cdots, x_m) = 1 + 9 \sum_{i=2}^{m} \dfrac{x_i}{m-1} \\ h[f_1(x), g(x)] = 1 - [f_1(x)/g(x)^{0.5}] \end{cases} \quad (4.9)$$

为了评估参数 $F(0.2 \leqslant F \leqslant 2)$ 和 $CR(0.1 \leqslant CR \leqslant 0.9)$ 的影响,考虑 MODE 算法以下参数:迭代数(150)、个体数(50)、伪曲线(10)、下降率(0.9)、rand/bin/1 策略(如式 4.1 所示)和 m (30)。此外,采用第 2 章给出的收敛性和多样性度量标准以评估所找到解的质量。针对这个问题,我们选择了一组 1 000 个均匀分布的帕累托最优解来比较收敛性(γ)和多样性度量(Δ)。

图 4.5 和图 4.6 显示了扰动率对 ZDT1 函数收敛性和多样性度量的影响。一般来说,我们可以在图中观察到,在选择不同参数值 F 的情况下,得到了较好的度量值。例如,如图 4.5 和图 4.6 中所示,就 ZDT1 函数而言,F 等于 0.8 和 1.6 可以被认为是收敛性和多样性指标的良好选择。

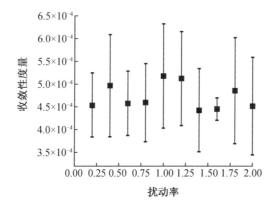

图 4.5　扰动率对 ZDT1 函数收敛性度量的影响

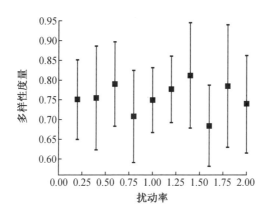

图 4.6　扰动率对 ZDT1 函数多样性度量的影响

图 4.7 和图 4.8 显示了在 F 等于 0.8 时,交叉概率对 ZDT1 函数的收敛性

和多样性指标的影响。这些图表明,CR > 0.1 是该参数的良好选择。Storn 和 Price[3] 以及 Price 等[4] 也得到了同样的结果。然而,他们的工作是致力于单目标优化。尽管 $F = 0.8$ 或 $F = 1.6$ 和 CR > 0.1 被认为是 ZDT1 函数的收敛性和多样性度量的好选择,但对于其他测试用例,它们并不一定是好的。

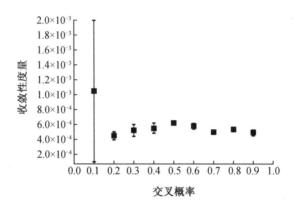

图 4.7　交叉概率对 ZDT1 函数的收敛性指标的影响

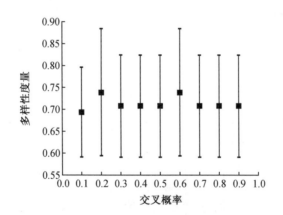

图 4.8　交叉概率对 ZDT1 函数的多样性指标的影响

正如 Zaharie[2,43]、Coelho 和 Mariani[1] 在单目标情况下所讨论的,尽管性能和成功应用考虑了固定 DE 参数,但是不能保证可以避免早熟收敛(停滞在局部最优)以及选择的参数是不敏感的问题。DE 算法对控制参数[4] 也是很敏感的。此外,它是高度依赖于问题[2,44] 的,要进行特殊配置。Nobakhti 和 Wang[45] 认为,DE 中使用的特殊突变机制导致了搜索的停止条件。Vellev[46] 认为,这一特性会影响算法的鲁棒性,增加算法的计算成本。较小的种群规模可能会导致局部收敛,而较大的种群规模可能会增加计算的工作量,并可能导致收敛缓慢。因此,一个适当的种群规模可以确保该方法的有效性。值得一提的是,在进化过程的最后,种群趋于同质,会导致对目标函数进行不必要的评估,从而增加了计算成本。

为了克服这些缺点,学者们在单目标背景下提出了各种方法。Zaharie[2]提出了一个针对 F 的反馈更新规则,旨在保持种群在一个给定的水平上的多样性。这个过程能够避免早熟收敛。Coelho 和 Mariani[1]提出的混沌搜索模型因能够避免过早收敛,已被用于非确定性方法中的参数自适应。Sun 等[47]提出了两种利用粒子群算法动态更新种群大小的策略。在这种策略中,该参数通过简单的数学函数(包括线性和三角函数)进行更新,其主要缺点是它们没有使用任何关于进化过程的进展的信息,即它们完全依赖于用来减少种群规模的数学函数。Lu 等[48]提出了一种基于混沌序列的优化策略来更新 DE 中的参数设置的方法。Zou 等[49]提出了基于一种改进的微分演化算法来求解无约束优化的方法,并采用高斯分布和均匀分布对 CR 和 F 进行调整。Mohamed[50]通过非线性递减概率规则将 DE 中的突变规则与基本突变策略相结合。结果表明,该突变规则提高了基本 DE 的全局和局部搜索能力,并提高了收敛速度。F 使用在[0.2 0.8]中的均匀随机变量进行更新,CR 通过基于当前代数、最大代数和 CR 的最小值和最大值的概率方案进行更新。Draa 等[51]提出了正弦微分演化算法。该算法采用正弦公式自动调整 F 值和 CR 值。正如这些作者所提到的,他们的算法的目的是促进搜索,从而确保在搜索和开发之间取得良好的平衡。Fan 和 Yan[52]提出了一种具有离散突变控制参数的自适应 DE 算法,其中控制参数和突变策略通过竞争进行动态调整。Cavalini 等[21]提出了一种新的基于 DE 的单目标算法来动态更新种群大小、交叉概率和扰动率的方法。在这种情况下,为了减少目标函数评估的数量,定义了一个收敛率。为了展示,该策略应用于典型数学函数的求解和对由水平柔性轴、两个刚性盘和两个不对称轴承组成的旋转机器的有限元模型的更新。这种策略的主要优点是利用进化过程的进展信息来更新参数。

如前文所述,通过使用关于进化过程本身的信息,开发一种使 DE 参数可以在每一代动态更新的策略可能是很有希望的。下一节将介绍在多目标上下文中动态更新 DE 参数的方法。

4.4　自适应多目标优化微分进化

如前文所述,在求解 MOOP 的过程中,任何进化算法的输入参数都保持不变。这样做虽然简化了算法的计算,但不能保证可以避免过早收敛或与这些参数的选择有关的问题。在此基础上,提出了 SA-MODE 来更新扰动率、交叉概率和种群规模。

SA-MODE 算法的结构模式算法基本上与 MODE 算法相同,但有两个区别:

(1)SA-MODE 算法不考虑 MODE 算法中探索潜在的邻居候选解(以减少目标函数评估的总数);

(2)在 SA-MODE 算法中,使用特殊算子对参数 F(扰动率)、CR(交叉概率)和 NP(种群规模)进行动态更新,以评估种群规模的方差和过程的收敛性。

SA-MODE 流程图如图 4.9 所示,描述如下:

(1)最初,随机生成规模为 NP 的种群(P_1)。

(2)采用快速非支配排序算子,根据支配准则对当前解进行分类。利用在 DE 中提出的机制生成新的种群(P_2)。在第一次迭代中,随机生成参数 F、CR 和 NP($F_{min} \leqslant F \leqslant F_{max}$;$CR_{min} \leqslant CR \leqslant CR_{max}$;$NP_{min} \leqslant NP \leqslant NP_{max}$,式中下标 min 和 max 分别表示每个参数的最小值和最大值)。在后代中,使用特定的算子动态更新参数,以评估种群规模的方差和收敛性。

(3)种群 P_1 和 P_2 共同形成种群 P_3。根据支配准则对该种群进行分类,其种群规模现等于 NP(当前值)。如果种群规模 P_3 大于应用积分算子(更新种群大小的策略)后定义的新值,则根据拥挤距离算子将其截断。如果种群规模 P_3 小于应用积分算子后定义的新值,则使用 rand/bin/1 策略生成新的个体以填充种群规模(式(4.1))。

(4)为了处理代数约束,考虑采用由 Castro[39] 提出的方法,如前文所述。

以下介绍了动态更新 SA-MODE 参数的算子。

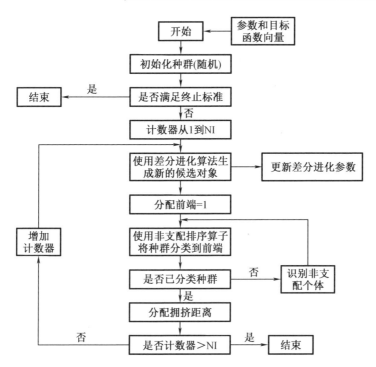

图 4.9 SA-MODE 算法流程图(NI 为迭代次数)

4.4.1 种群规模的更新(积分算子)

从优化的角度来看,在表型多样性高的早期扩大规模是有益的,而在群体同质化后缩减规模可能是有益的[46]。在此背景下,Cavalini 等[21]提出了一种在单目标环境下动态更新种群规模的策略。该方法基于收敛速度(λ),定义为

$$\lambda = \frac{f_{\text{average}}}{f_{\text{worst}}} \tag{4.10}$$

式中,f_{average} 和 f_{worst} 分别是当前每一代目标函数的平均值和最差值(即适应值)。

该参数评估了种群在进化过程中的同质性。如果 λ 接近于零,则目标函数的最差值与平均值不同。如果 λ 接近于1,则种群是同质的。因此,可以提出一个简单的种群规模动态更新方程:

$$NP = \text{round}\left[\lambda NP_{\text{min}} + (1 - \lambda) NP_{\text{max}}\right] \tag{4.11}$$

式中,算子 round($\cdot$)表示对最接近的整数取整。

该概念的提出首先是用于处理单目标问题的,随后被扩展到多目标问题。

一种简单的方法是通过计算设计空间中曲线下的面积(对于两个目标函数的情况)来实现扩展。一般情况下,当优化算法收敛到解时,分隔区域收敛到一个常数值,即面积值在进化过程中趋于稳定。要应用这一原理,考虑前面介绍的 ZDT1 函数(式(4.9))和 MODE 算法(代(250)、个体(100)、伪曲线(10)、还原率(0.9)、交叉概率(0.8)和扰动率(0.8))。

图 4.10 和图 4.11 展示了此示例的初始种群和帕累托曲线,图中所示的 MODE 算法收敛于最优解。在进化过程中,可以通过使用梯形数值积分法[53]来计算由 f_1(自变量)与 f_2(因变量)定义的区域,如图 4.12 所示。

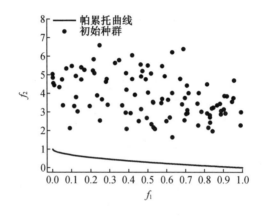

图 4.10   ZDT1 函数的初始种群

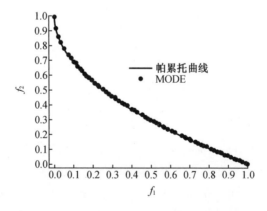

图 4.11   采用 MODE 算法求解 ZDT1 函数的帕累托曲线

如前文所述,在进化过程结束时,当前的解趋于收敛到最优值,而目标空间中曲线下的面积收敛到一个常数值。在这种情况下,这个度量(面积)可以作为

标准来衡量解的质量。为此,定义多目标环境下第 i 代的收敛率(χ_i)的计算公式:

$$\chi_i \equiv \frac{\text{Area}_i}{\dfrac{1}{K}\displaystyle\sum_{j=i-(K-1)}^{i} |\text{Area}_j|} \tag{4.12}$$

式中,K 是用于计算考虑最后 K 代的平均值的参数。

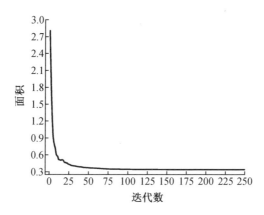

图 4.12　面积作为 ZDT1 函数的迭代次数函数

因此,正如 Cavalini 等所述[21],对于单目标优化问题,提出了一个类似的更新种群规模的方程,如下所示:

$$\text{NP}_i = \text{round}[\chi_i \text{NP}_{\min} + (1-\chi_i)\text{NP}_{\max}] \tag{4.13}$$

式中,$\text{NP}_{\min}$ 和 $\text{NP}_{\max}$ 表示种群规模的最小值和最大值;算子 round($\cdot$)表示对最接近的整数取整。一般来说,该参数代表了一种评估种群在进化过程中的收敛性的方法。

在单目标问题中,如果 χ_i 接近于零,面积的平均值与当前值不同,种群规模假设是其最大值,即 $\text{NP} = \text{NP}_{\max}$。如果 χ_i 接近于 1,种群规模假设是其最小值,即 $\text{NP} = \text{NP}_{\min}$。以求解 ZDT1 函数所需考虑的进化过程中计算得到的 χ_i 值为例说明(图 4.13)。

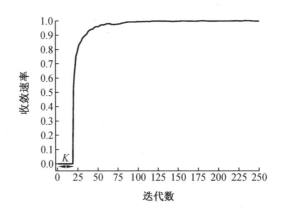

图 4.13　收敛率(χ_i)作为 ZDT1 函数的迭代次数函数

如图 4.13 所示,在前 K 代,χ_i 的值等于 0,NP = NP_{max},促进了在进化过程开始阶段种群的多样性。这 K 代的种群对于计算面积的平均值很重要(式(4.12))。经过 K 代后,χ_i 的值可以被计算,由此更新了种群大小。

本节中提出的程序被称为积分算子。虽然该方法被证明适用于双目标优化问题,但它也可以扩展到一个通用的 MOOP。

4.4.2　F 和 CR 更新

最后一节提出了一种基于收敛率来动态更新种群规模的多目标环境下的策略,我们将提出在进化过程中更新 F 和 CR 的方法。这个想法最初由 Zaharie[2,43] 提出,并由 Cavalini 等在单目标问题中进行了研究[21]。该方法基于设计变量中的种群方差(即一种衡量人口多样性的方法),由下式给出:

$$\mathrm{Var}(\boldsymbol{x}) = \boldsymbol{x}^2 - \left(\sum_{i=1}^{\mathrm{NP}} \frac{x_i}{\mathrm{NP}} \right)^2 \tag{4.14}$$

式中,$\boldsymbol{x}$ 表示种群。

据 Zaharie[2,43] 所述,如果不考虑种群的最佳配置,重组后的方差的期望值是(由获得的种群确定):

$$E\big[\mathrm{Var}(\boldsymbol{x})\big] = \left(1 + 2F^2\mathrm{CR} - \frac{2\mathrm{CR}}{\mathrm{NP}} + \frac{\mathrm{CR}^2}{\mathrm{NP}} \right) \mathrm{Var}(\boldsymbol{x}) \tag{4.15}$$

考虑 $\boldsymbol{x}(g-1)$ 是在 $g-1$ 代(前一个总体)时获得的总体。在第 g 代,向量 $\boldsymbol{x}$ 被转换为 $\boldsymbol{x}'$(重组),然后是 $\boldsymbol{x}''$(选择)。向量 $\boldsymbol{x}''$ 表示下一代 $\boldsymbol{x}(g+1)$ 的起始种群。方差趋势的信息可由式(4.16)提供。如果 $\gamma<1$,方差的增加得到补偿,加速收敛,但也可以导致过早收敛。如果 $\gamma>1$,则方差的减少得到补偿,可以避免过早收敛的情况。

$$\gamma = \frac{\mathrm{Var}\big[\,\boldsymbol{x}(g+1)\,\big]}{\mathrm{Var}\big[\,\boldsymbol{x}(g)\,\big]} \qquad (4.16)$$

控制原理是基于参数 F,因此在生成 g 中应用的重组补偿了之前应用的重组和选择的效果。为此,需要求解式(4.17)和式(4.18)。

$$1 + 2F^2\mathrm{CR} - \frac{2\mathrm{CR}}{\mathrm{NP}} + \frac{\mathrm{CR}^2}{\mathrm{NP}} = c \qquad (4.17)$$

$$c \equiv \gamma\,\frac{\mathrm{Var}\big[\,\boldsymbol{x}(g+1)\,\big]}{\mathrm{Var}\big[\,\boldsymbol{x}(g)\,\big]} \qquad (4.18)$$

式(4.17)可以用 F 来求解。因此,

$$F \equiv \begin{cases} \sqrt{\dfrac{1}{\mathrm{NP}}}\sqrt{\dfrac{\eta}{2\mathrm{CR}}} & \text{如果 } \eta \geq 0 \\[2mm] F_{\min} & \text{相反} \end{cases} \qquad (4.19)$$

式中,$\eta \equiv \mathrm{NP}(c-1) + \mathrm{CR}(2-\mathrm{CR})$,且 $F_{\min}$ 是 F 的最小值。

通过重组增加种群方差的一个充分条件是 $F > (1/\mathrm{NP})^{0.5}$。因此,$F_{\min} \equiv (1/\mathrm{NP})^{0.5}$。$F$ 的上限可以按照 Storn 等[4] 的建议来定义。在这种情况下,$F_{\max} = 2$。通过求解式(4.17),可以得到 CR 的自适应规则如下:

$$\mathrm{CR} \equiv \begin{cases} -(\mathrm{NP} \times F^2 - 1) + \sqrt{(\mathrm{NP} \times F^2 - 1)^2 - \mathrm{NP}(1-c)} & \text{如果 } c \geq 0 \\[2mm] \mathrm{CR}_{\min} & \text{相反} \end{cases}$$
$$(4.20)$$

式中,$\mathrm{CR}_{\min} = 0.01$,$0.01 < \mathrm{CR} < 1$。

值得一提的是,F 和 CR 都依赖于当前的 NP,而这种方法最初是为单目标问题提出的。对于 MOOP 的处理,可以做出一个简单的假设,即 $\boldsymbol{x}$ 应代表目标空间,而非设计空间。这一假设是合理的,因为在多目标问题下必须保证目标空间的多样性。

图 4.14 给出了考虑更新 DE 参数的流程结构。

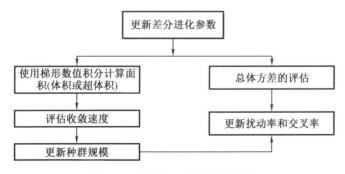

图 4.14　更新 DE 参数的流程图

4.5 SA-MODE：一个测试用例

前面的章节提出了动态更新 DE 参数的方法。在本节中，基于一个经典的测试用例来比较该新策略与其他进化算法得到的结果。为此，我们考虑到以下几点：

（1）测试用例：ZDT1 函数（式（4.9）），当 $m = 30$；

（2）NSGA Ⅱ参数[36]：代数（250），种群规模（100），交叉率（0.8），突变率（0.01）；

（3）MODE^{1}参数：代数（250），个体（100），扰动率（0.2），交叉率（0.5），伪曲线（10），还原率（0.9），rand/bin/1 策略（式（4.1））；

（4）MODE^{2}参数：代数（250），个体（100），扰动率（0.6），交叉率（0.6），伪曲线（10），还原率（0.9），rand/bin/1 策略；

（5）MODE^{3}参数：代数（250），个体（100），扰动率（0.8），交叉率（0.6），伪曲线（10），还原率（0.9），rand/bin/1 策略；

（6）MODE^{4}参数：代数（250），个体（100），扰动率（0.9），交叉率（0.8），伪曲线（10），还原率（0.9），rand/bin/1 策略；

（7）MODE^{5}参数：代数（250），个体（100），扰动率（1.2），交叉率（0.8），伪曲线（10），还原率（0.9），rand/bin/1 策略；

（8）SA-MODE 参数[4, 35]：F_{min}（0.2），F_{max}（2），CR_{min}（0.1），CR_{max}（0.99），NP_{min}（50），NP_{max}（100），和代数（250）。在运行中，K 参数被认为等于 100（40%）；

（9）多目标优化蜂群算法（MOBC）参数[54]：侦察蜂的数量（10），从最好的 e 位置招募的蜜蜂数量（5），从其他选择点招募的蜜蜂数量（5），选择与邻域搜索的位置数量（5），在 m 和选择点中的顶级（精英）位置的数量（5），邻域搜索（10^{-3}）和代数（50）；

（10）多目标优化萤火虫群算法（MOFC）参数：萤火虫数量（15），最大吸引力值（0.9），吸收系数（0.7）和代数（50）；

（11）多目标优化鱼群算法（multi-objective optimization firefly colony，MOFS）参数：鱼数量（15），加权参数值（1），控制鱼的位移（10^{-1}）和代数（50）；

（12）收敛性和多样性指标：如第 2 章所述，其用于度量每种策略得到的解的质量，对于这个问题，我们选择了一组 1 000 个均匀间隔的帕累托最优解来比

较收敛性(γ)和多样性参数(Δ);

（13）在每种情况下,对 ZDT1 函数独立运行 30 次后,获得度量值。

表 4.1 给出了在 ZDT1 函数中使用不同的进化策略得到的平均(收敛性和多样性)度量值和方差。

表 4.1　采用不同算法求解 ZDT1 函数的平均度量值(γ,Δ)和方差(σ^2)

	γ	$\sigma^2(\gamma)$	Δ	$\sigma^2(\Delta)$	n_{eval}
NSGA Ⅱ	0.033 8	0.004 7	0.390 3	0.001 8	25 100
MOBC	0.043 9	0.001 8	0.420 3	0.000 8	25 100
MOFC	0.085 4	0.007 9	0.413 0	0.001 0	25 100
MOFS	0.078 8	0.007 0	0.330 9	0.002 1	25 100
MODE[1]	0.029 1	0.001 2	0.415 5	0.002 2	50 100
MODE[2]	0.035 3	0.001 9	0.395 4	0.001 4	50 100
MODE[3]	0.032 3	0.009 8	0.304 5	0.008 7	50 100
MODE[4]	0.032 0	0.003 4	0.298 9	0.001 2	50 100
MODE[5]	0.029 8	0.000 1	0.419 8	0.001 1	50 100
SA-MODE	0.027 2	0.000 5	0.393 0	0.002 3	17 776

注:n_{eval}是目标函数评估数量。

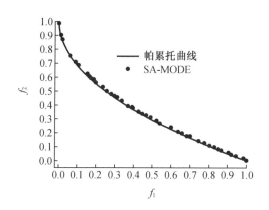

图 4.15　采用 SA-MODE 算法求解 ZDT1 函数得到的帕累托曲线

值得注意的是,所有的进化策略都为帕累托曲线提供了良好的估计,这可以通过比较收敛性和多样性指标来证明(图 4.15)。然而,SA-MODE 算法要求的目标函数评估量(n_{eval})低于其他进化算法,因此降低了进化过程中的种群规模,相应地降低了n_{eval}。在本测试中,观察到与 NSGA Ⅱ(MOBC 或 MOFC 或 MOFS)和 MODE 相比,分别降低了 29.2% 和 64.6%。

图 4.16 展示了 NSGA Ⅱ、MODE 和 SAMODE 算法需要的累积 n_{eval}。在本测试中,显然,与 NSGA Ⅱ 和 MODE 相比,新的优化策略所需的计算成本大幅降低。此外,直到第 K 代,SA-MODE 和 NSGA Ⅱ 的 n_{eval} 相当。

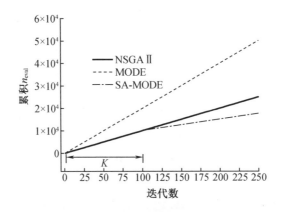

图 4.16 采用 NSGA Ⅱ、MODE 和 SA-MODE 算法求解 ZDT1 函数的累计目标评价数量

图 4.17 展示了采用 SA-MODE 算法求解 ZDT1 函数的收敛速率和种群规模的演变。最初是采用最大的种群规模来促进种群的多样性的。这种大规模的种群演化一直持续到 K 代(收敛速度为零)。在第 K 代以后,收敛速率增加,计算曲线下的面积,种群规模减小,直到达到最小值。种群规模的减少和相应 DE 参数的更新保证了 n_{eval} 的减少,即所述方法的主要优势。

图 4.18 展示了使用 SA-MODE 算法求解 ZDT1 函数的进化过程中 F 参数和 CR 参数的演化。在本测试中,可以观察到这些参数的范围很广(由问题描述中定义的范围划分),允许探索设计空间,如表 4.1 中观察到的收敛性和多样性。

表 4.2 给出了采用 SA-MODE 算法求解 ZDT1 函数时 K 参数对获得的收敛性和多样性指标(平均值和标准差)的影响。一方面,由于种群规模的增加,K 参数的增加可以导致收敛性和多样性指标达到最佳值,从而提高了使用更多个体探索设计空间的能力。另一方面,当 K 参数较小时,种群规模会更快地趋向于最小值,即对设计空间的探索能力降低。

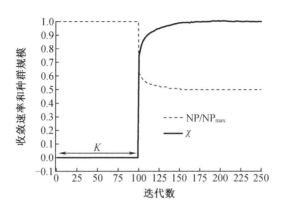

图 4.17　采用 SA-MODE 算法求解 ZDT1 函数的收敛速率和种群规模

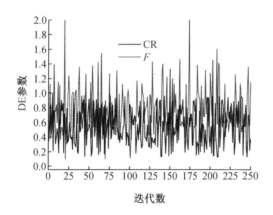

图 4.18　采用 SA-MODE 算法求解 ZDT1 函数中 _F_ 参数和 CR 参数的演化

表 4.2　_K_ 参数对于收敛性和多样性指标(γ, Δ)及方差(σ^2)的影响

K	γ	$\sigma^2(\gamma)$	Δ	$\sigma^2(\Delta)$
10% NP_{max}	0.034 0	0.000 2	0.423 2	0.000 9
20% NP_{max}	0.029 7	0.000 7	0.418 8	0.001 1
30% NP_{max}	0.027 6	0.000 5	0.418 4	0.003 7
40% NP_{max}	0.027 2	0.000 5	0.393 0	0.002 3
50% NP_{max}	0.023 5	0.000 1	0.389 9	0.001 2

4.6 总 结

本章提出了一种求解 MOOP 问题的新算法。该算法基于微分进化技术,通过在原始算法中加入两个算子:秩排序和拥挤距离,将其扩展到多目标环境。此外,该算法中考虑的每种参数都采用不同的策略进行动态更新。交叉参数和扰动率可以基于 Zaharie[2, 43] 提出并由 Cavalini 等[21] 研究的种群方差概念进行动态更新;但这些作者提出只处理单目标问题。种群规模可以使用本书定义的收敛率的概念进行动态更新。基于一个经典的数学函数对这种新的优化策略,称为自适应多目标优化差分进化(SA-MODE),进行检验后,得到的结果令人满意。与其他进化策略相比,该算法可以得到相同质量的解(考虑到帕累托曲线),并且其要求的目标函数评估次数比其他进化策略所要求的次数要少。此外,该算法的另一个优点是 DE 参数不必由用户定义,也就是说,它们在进化过程仅使用问题本身的特征信息进行动态更新。

接下来的两章将介绍 SA-MODE 算法在一系列数学和工程问题上的应用,旨在评估其性能与其他进化算法的差异。

参 考 文 献

[1] Coelho, L. S., Mariani, V. C.: Combining of chaotic differential evolution and quadratic programming for economic dispatch optimization with valve-point effect. IEEE Trans. Power Syst. 21(2), 989–996 (2006)

[2] Zaharie, D.: Control of population diversity and adaptation in differential evolution algorithms. In: Matouek, R., Omera, P. (eds.) Proceedings of Mendel 2003, 9th International Conference on Soft Computing, pp. 41–46 (2003)

[3] Storn, R., Price, K.: Differential evolution: a simple and efficient adaptive scheme for global optimization over continuous spaces. Int. Comput. Sci. Inst. 12, 1–16 (1995)

[4] Price, K. V., Storn, R. M., Lampinen, J. A.: Differential Evolution, A

Practical Approach to Global Optimization. Springer, Berlin/Heidelberg (2005)

[5]　Babu, B. V., Sastry, K. K. N.: Estimation of heat-transfer parameters in a trickle-bed reactor using differential evolution and orthogonal collocation. Comput. Chem. Eng. 23, 327－339 (1999)

[6]　Babu, B. V., Singh, R. P.: Synthesis and optimization of heat integrated distillation systems using differential evolution. In: Proceedings of All-India Seminar on Chemical Engineering Progress on Resource Development (2000)

[7]　Lobato, F. S., Steffen, V. Jr.: Engineering system design with multi-objective differential evolution. In: 19th International Congress of Mechanical Engineering, Brasília (2007)

[8]　Lobato, F. S., Oliveira-Lopes, L. C., Murata, V. V., Steffen, V. Jr.: Solution of multi-objective optimal control problems with index fluctuation using differential evolution. In: 6th Brazilian Conference on Dynamics, Control and Applications-DINCON, 2007, São José do Rio Preto-SP (2007)

[9]　Lobato, F. S., Silva Neto, A. J., Steffen, V. Jr.: Solution of inverse radiative transferproblems in two-layer participating media with differential evolution. In: International Conference on Engineering Optimization-EngOpt, 2008, RJ (2008)

[10]　Lobato, F. S., Arruda, E. B., Barrozo, M. A. S., Steffen, V. Jr.: Estimation of drying parameters in rotary dryers using differential evolution. J. Phys. Conf. Ser. 135, 1－8 (2008)

[11]　Mariani, V. C., Lima, A. G. B., Coelho, L. S.: Apparent thermal diffusivity estimation of the banana during drying using inverse method. J. Food Eng. 85, 569－579 (2008)

[12]　Lobato, F. S., Figueira, C. E., Soares, R. R., Steffen, V. Jr.: A comparative study of Gibbs free energy minimization in a real system using heuristic methods. Comput. Aided Chem. Eng. 27, 1059－1064 (2009)

[13]　Lobato, F. S., Silva Neto, A. J., Steffen, V. Jr.: Self-adaptive differential evolution based on the concept of population diversity applied to simultaneous estimation of anisotropic scattering phase function, albedo and optical thickness. Comput. Model. Eng. Sci. 1, 1－17 (2010)

[14]　Lobato, F. S., Silva Neto, A. J., Steffen, V. Jr.: A comparative study of the application of differential evolution and simulated annealing in inverse

radiative transfer problems. J. Braz. Soc. Mech. Sci. Eng. XXXII, 518 – 526（2010）

[15] Lobato, F. S. , Silva Neto, A. J. , Steffen, V. Jr. : Estimation of space-dependent single scattering albedo in a radiative transfer problem using differential evolution. Inverse Prob. Sci. Eng. 2, 1 – 13（2012）

[16] Lobato, F. S. , Silva Neto, A. J. , Steffen, V. Jr. : Estimation of space-dependent single scattering albedo in radiative transfer problems using differential evolution algorithm. In：Inverse Problems, Design and Optimization Symposium（2010）

[17] Abou-El-Ela, A. A. , Abido, M. A. , Spea, S. R. : Differential evolution algorithm for optimal reactive power dispatch. Electr. Power Syst. Res. 81, 458 – 464（2011）

[18] Bayat, M. , Hamidi, M. , Dehghani, Z. , Rahimpour, M. R. : Dynamic optimal design of an industrial ethylene oxide（EO）reactor via differential evolution algorithm. J. Nat. Gas Sci. Eng. 12, 56 – 64（2013）

[19] Liu, Y. , Yin, M. , Gu, W. : An effective differential evolution algorithm for permutation flow shop scheduling problem. Appl. Math. Comput. 248, 143 – 159（2014）

[20] Marinaki, M. , Marinakis, Y. , Stavroulakis, G. E. : Fuzzy control optimized by a multi-objective differential evolution algorithm for vibration suppression of smart structures. Comput. Struct. 147, 126 – 137（2015）

[21] Cavalini, A. Ap. Jr. , Lobato, F. S. , Koroishic, E. H. , Steffen, V. Jr. : Model updating of a rotating machine using the self-adaptive differential evolution algorithm. Inverse Prob. Sci. Eng. 24, 504 – 523（2015）

[22] Souza, D. L. , Lobato, F. S. , Gedraite, R. : Robust multi objective optimization applied to optimal control problems using differential evolution. Chem. Eng. Technol. 1, 1 – 8（2015）

[23] Lobato, F. S. , Machado, V. S. , Steffen, V. Jr. : Determination of an optimal control strategy for drug administration in tumor treatment using multi-objective optimization differential evolution. Comput. Methods Programs Biomed. 131, 51 – 61（2016）

[24] Abbass, H. A. , Sarker, R. , Newton, C. : PDE：a Pareto-frontier differential evolution approach for multi-objective optimization problems. In：Proceedings of the 2001 Congress on Evolutionary Computation（CEC'

2001）, pp. 971 – 978（2001）

[25] Madavan, N. K. : Multi objective optimization using a Pareto differential evolution approach. In: Proceedings of Congress on Evolutionary Computation（CEC'2002）, pp. 1145 – 1150. IEEE Press（2002）

[26] Deb, K. , Pratap, A. , Agarwal, S. , Meyarivan, T. : A fast and elitist multi objective genetic algorithm: NSGA – II. IEEE Trans. Evol. Comput. 6（2）, 182 – 197（2002）

[27] Xue, F. : Multi-objective differential evolution and its application to enterprise planning. In: Proceedings of 2003 IEEE International Conference on Robotics and Automation（ICRA'03）, pp. 3535 – 3541. IEEE Press （2003）

[28] Parsopoulos, K. , Taoulis, D. , Pavlidis, N. , Plagianakos, V. , Vrahatis, M. : Vector evaluated differential evolution for multiobjective optimization. In: CEC 2004, 1, pp. 204 – 211. IEEE Service Center（2004）

[29] Schaffer, J. D. : Some experiments in machine learning using vector evaluated genetic algorithms. Ph. D Dissertation. Vanderbilt University, Nashville, USA（1984）

[30] Iorio, A. W. , Li, X. : Solving rotated multi-objective optimization problems using differential evolution. In: AI 2004: Advances in Artificial Intelligence. LNAI, pp. 861 – 872. Springer, New York（2004）

[31] Robic, T. , Filipic, B. : DEMO: differential evolution for multiobjective optimization. In: Coello, C. A. C. , et al. （eds. ） Evolutionary Multi-Criterion Optimization. Third International Conference, EMO – 2005, vol. 3410, pp. 520 – 533（2005）

[32] Babu, B. V. , Chakole, P. G. , Mubeen, J. H. S. : Multiobjective differential evolution（MODE）for optimization of adiabatic styrene reactor. Chem. Eng. Sci. 60, 4822 – 4837（2005）

[33] Qin, H. , Zhou, J. , Lu, Y. , Wang, Y. , Zhang, Y. : Multi-objective differential evolution with adaptive Cauchy mutation for short-term multi-objective optimal hydro-thermal scheduling. Energy Convers. Manage. 51, 788 – 794（2010）

[34] Chen, X. , Du, W. , Qian, F. : Multi-objective differential evolution with ranking-based mutation operator and its application in chemical process optimization. Chemom. Intell. Lab. Syst. 136, 85 – 96（2014）

[35] Lobato, F. S. : Multi-objective optimization for engineering system design. Thesis (in Portuguese), Federal University of Uberlândia, Uberlândia (2008)

[36] Deb, K. : Multi-Objective Optimization Using Evolutionary Algorithms. Wiley, Chichester (2001). ISBN 0 – 471 – 87339 – X

[37] Hu, X., Coello, C. A. C., Huang, Z. : A new multi-objective evolutionary algorithm: neighborhood exploring evolution strategy. Eng. Optim. 37, 351 – 379 (2005)

[38] Vanderplaats, G. N. : Numerical Optimization Techniques for Engineering Design, 3rd edn. , 441 pp. VR D INC, Colorado Springs, CO (1999)

[39] Castro, R. E. : Optimization of structures with multi-objective using genetic algorithms. Thesis (in Portuguese), COPPE/UFRJ, Rio de Janeiro (2001)

[40] Lobato, F. S. , Steffen, V. Jr. : A new multi-objective optimization algorithm based on differential evolution and neighborhood exploring evolution strategy. J. Artif. Intell. Soft Comput. Res. 1, 1 – 12 (2011)

[41] Haupt, R. L. , Haupt, S. E. : Practical Genetic Algorithms, 2nd edn. (2004). ISBN: 0471455652

[42] Zitzler, E., Deb, K., Thiele, L. : Comparison of multiobjective evolutionary algorithms: empirical results. Evol. Comput. J. 8(2), 125 – 148 (2000)

[43] Zaharie, D. : Critical values for the control parameters of differential evolution algorithms. In: Proceedings of the 8th International Conference on Soft Computing, pp. 62 – 67 (2002)

[44] Qin, A. K. , Suganthan, P. N. : Self-adaptive differential evolution algorithm for numerical optimization. In: Proceedings of the 2005 Congress on Evolutionary Computation, pp. 1785 – 1791 (2005)

[45] Nobakhti, A. , Wang, H. : A self-adaptive differential evolution with application on the ALSTOM gasifier. In: Proceedings of the 2006 American Control Conference, Minneapolis, MN, 14 – 14 June 2006

[46] Vellev, S. : An adaptive genetic algorithm with dynamic population size for optimizing join queries. In: International Conference: Intelligent Information and Engineering Systems, INFOS 2008, Varna, June-July 2008

[47] Sun, S. Y. , Quiang, Yc. , Liang, Y. , Liu, Y. , Pan, Q. : Dynamic Population Size Based on Particle Swarm Optimization, ISICA 2007, pp. 382 – 392. Springer, Berlin (2007)

[48] Lu, Y., Zhou, J., Qin, H., Wang, Y., Zhang, Y.: Chaotic differential evolution methods for dynamic economic dispatch with valve-point effects. Eng. Appl. Artif. Intell. 24, 378–387 (2011)

[49] Zou, D., Wu, J., Gao, L., Li, S.: A modified differential evolution algorithm for unconstrained optimization problems. Neurocomputing 120, 469–481 (2013)

[50] Mohamed, A. W.: An improved differential evolution algorithm with triangular mutation for global numerical optimization. Comput. Ind. Eng. 85, 359–375 (2015)

[51] Draa, A., Bouzoubia, S., Boukhalfa, I.: A sinusoidal differential evolution algorithm for numerical optimisation. Appl. Soft Comput. 27, 99–126 (2015)

[52] Fan, Q., Yan, X.: Self-adaptive differential evolution algorithm with discrete mutation control parameters. Expert Syst. Appl. 42, 1551–1572 (2015)

[53] Rao, S. S.: Applied Numerical Methods for Engineers and Scientists, 880 pp. Pearson, Cambridge (2001). ISBN-10: 013089480X

[54] Lobato, F. S., Souza, M. N., Silva, M. A., Machado, A. R.: Multi-objective optimization and bioinspired methods applied to machinability of stainless steel. Appl. Soft Comput. 22, 261–271 (2014)

第 5 章　SA-MODE 在数学函数中的应用

第 4 章介绍了 SA-MODE 算法求解 MOOP 的目标和数学推导,该进化策略通过考虑进化过程的信息,动态更新 DE 算法所需的参数。为了评价该计划策略的性能,我们考虑了一系列呈现不同复杂程度的数学函数特征,如凸性、非凸性、脱节连续凸部分、局部最优曲线等特征。

为此,表 5.1 给出了考虑使用不同的优化策略:非主导排序遗传算法 Ⅱ(NSGA Ⅱ)、多目标优化差分进化(MODE)和自适应多目标优化差分进化(SA-MODE)来求解函数的命名法。

表 5.1　考虑使用不同的策略来求解函数的命名法

参数	算法	命名法
代数	所有	N_{gen}
种群规模	所有	NP
交叉概率	所有	CR
突变概率	NSGA Ⅱ	ρ_c
扰动率	MODE 和 SA-MODE	F
伪曲线数	MODE	R
降低率	MODE	r
K 参数	SA-MODE	K
惩罚参数	所有	r_p

使用收敛性(γ)、多样性指标(Δ)的平均值($\overline{\gamma}$ 和 $\overline{\Delta}$)和标准差(σ_γ^2 和 σ_Δ^2)评价使用 SA-MODE 得到的解的质量,其指标定义见第 2 章。对于所有存在解析解的问题,选择一组 1 000 个均匀间隔的帕累托最优解来比较收敛性和多样性指标。

5.1　SCH2 函数

SCH2 函数由 Schaffer[1] 提出,并由 Deb[2] 和 Lobato[3] 进行了研究,用于评估进化算法的性能。在数学上,该函数的主要特征是目标函数空间的不连续性,定义为

$$
\text{SCH2} =
\begin{cases}
\min f_1(x) = \begin{cases} -x, \text{若 } x \leq 1 \\ x-2, \text{若 } 1 < x \leq 3 \\ 4-x, \text{若 } 3 < x \leq 4 \\ x-4, \text{若 } x > 4 \end{cases} \\
\min f_2(x) = (x-5)^2
\end{cases}
\tag{5.1}
$$

式中,x 是 $-5 \leq x \leq 10$ 的设计变量。正如 Schaffer[1] 所提到的,该测试用例的帕累托最优曲线由两个区域组成:$x \in \{(1,2) \cup (4,5)\}$。表 5.2 给出了所有进化算法求解 SCH2 函数所需考虑的参数。图 5.1 所示为 SCH2 函数的帕累托曲线。

表 5.2　求解 SCH2 函数需考虑的参数

参数	算法		
	NSGA Ⅱ[2]	MODE[3]	SA-MODE
N_{gen}	250	100	100
NP	100	50	25 ~ 50
CR	0.85	0.85	0 ~ 1
p_m	0.05	—	—
F	—	0.5	0 ~ 2
R	—	10	—
r	—	0.90	—
$K/\%$	—	—	40

关于目标函数评估的数量,NSGA Ⅱ、MODE 和 SA-MODE 分别需要25 100 $(100 + 100 \times 250)$、10 050 $(50 + 100 \times 100)$ 和 3 550 次评估。在这种情况下,与

NSGA Ⅱ和 MODE 相比,SA-MODE 算法分别减少了约 85% 和 65% 的评估量。

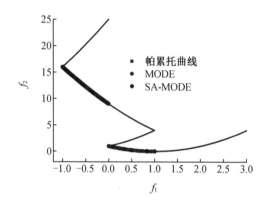

图 5.1　SCH2 函数的帕累托曲线

表 5.3 给出了采用不同算法求解 SCH2 函数的进化策略的收敛性和多样性指标。

表 5.3　采用不同算法求解 SCH2 函数的指标

参数		算法		
		NSGA Ⅱ[2]	MODE[3]	SA-MODE
γ	$\overline{\gamma}$	0.003 2	0.002 0	0.002 3
	σ_{γ}^2	—	0	0
Δ	$\overline{\Delta}$	0.000 1	0.000 3	0.000 8
	σ_{Δ}^2	—	0	0

　　总的来说,如表 5.3 所示,SA-MODE 得到的结果与 MODE 得到的结果相似,并且在收敛性方面优于 NSGA Ⅱ。在多样性方面,NSGA Ⅱ和 MODE 的结果优于 SA-MODE。然而,如前文所述,与其他进化策略所要求的算法相比,其所提算法(SA-MODE)所要求的总计算成本较小。

　　图 5.2 展示了通过 SA-MODE 得到的收敛速度和种群大小。从图中可以看出,在前 K 代($K = 40\%$)中,SA-MODE 的收敛速度等于零,种群大小等于其最大值。在 K 代之后,曲线下的面积趋于恒定,即平均值趋于恒定的,收敛速率迅速过渡到 1,种群规模达到最小值。这意味着种群规模的减少,从而减少了目标函

数评估的数量。

图5.3展示了SA-MODE在进化过程中获得的DE参数。

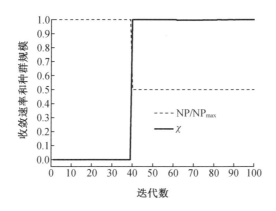

图5.2　SCH2函数的收敛速率和种群大小

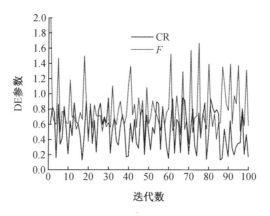

图5.3　SCH2函数DE参数的演化

如第4章所述,种群的大小取决于进化过程和DE参数,反之亦然。参数F、CR和种群规模通过前面提出的方法实现动态更新。因此,如图5.3所示,F和CR在第4章的定义域中,在收敛性和多样性方面具有更强的找到帕累托曲线的能力。此外,必须强调的是,如第4章中ZDTI函数所讨论的那样,使用个体较少的种群并不能保证收敛和多样性。

最后,利用SA-MODE算法得到的结果表明,该自适应过程能够在不影响解的质量的情况下降低目标函数的评估量。

5.2　FON 函数

FON 函数为非凸函数，由 Fonseca 和 Fleming[4] 提出，并由 Deb[2] 和 Lobato[3]进行了研究。在数学上，FON 函数给出了 n 个设计变量，并定义为

$$
FON = \begin{cases}
\min f_1(\boldsymbol{x}) = 1 - \exp\left[- \sum_{i=1}^{n} \left(x_i - \dfrac{1}{\sqrt{n}} \right)^2 \right] \\
\min f_2(\boldsymbol{x}) = 1 - \exp\left[- \sum_{i=1}^{n} \left(x_i + \dfrac{1}{\sqrt{n}} \right)^2 \right]
\end{cases} \tag{5.2}
$$

该函数定义域为 $-4 \leqslant x_i \leqslant 4 (i = 1, 2, \cdots, n)$。正如 Fonseca，Fleming[4] 和 Deb[2]所述，该函数的解析解是 $x_i = (-1/\sqrt{n}, 1/\sqrt{n}), i = 1, 2, \cdots, n$。Deb[2] 观察到，帕累托曲线的形状并不依赖于 n。

表 5.4 给出了在考虑不同进化策略时用于求解 FON 函数的参数。

表 5.4　求解 FON 函数需考虑的参数

参数	算法		
	NSGA Ⅱ[2]	MODE[3]	SA-MODE
N_{gen}	250	100	100
NP	100	100	50 ~ 100
CR	0.85	0.85	0 ~ 1
p_m	0.05	—	—
F	—	0.50	0 ~ 2
R	—	10	—
r	—	0.90	—
$K/\%$	—	—	40

图 5.4 给出了通过 MODE 和 SA-MODE 求解 FON 问题（$n = 2$）得到的帕累托曲线。如图所示，SA-MODE 算法的结果在收敛性和多样性方面与解析的帕累托曲线一致。

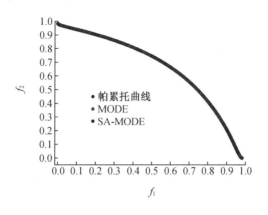

图5.4 FON 函数的帕累托曲线

关于目标函数评估的数量,NSGA Ⅱ、MODE 和 SA-MODE 分别需要25 100
(100+100×250)、20 100(100+200×100)和 7 100 次评估。与 NSGA Ⅱ 和
MODE 相比,SA-MODE 的评估量分别降低了约 72% 和 65%。然而,SA-MODE
保证了解的质量(收敛性和多样性)。

表5.5 展示了考虑不同进化策略求解 FON 函数的收敛性和多样性指标。
如表所示,SA-MODE 得到的收敛性和多样性指标与 NSGA Ⅱ 和 MODE 相似。

表5.5 采用不同算法求解 FON 函数的指标

参数		算法		
		NSGA Ⅱ[2]	MODE[3]	SA-MODE
γ	$\overline{\gamma}$	0.000 18	0.000 19	0.000 21
	σ_γ^2	0	0	0
Δ	$\overline{\Delta}$	0.204 5	0.257 7	0.227 8
	σ_Δ^2	0.000 36	0.000 22	0.000 67

图5.5 和图5.6 展示了使用 SA-MODE 在进化过程中的收敛速度、种群大
小和 DE 参数。由于这个测试用例的简单性,在图 5.5 中可以观察到,在第 K 代
(K=40%),SA-MODE 实际上收敛于帕累托曲线,即在第 K 代时,收敛速度趋于
1,曲线以下面积不变,种群规模趋于最小值。在图 5.6 中,可以观察到所提出
方法的 DE 参数的演化。

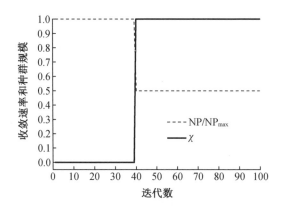

图 5.5　FON 函数的收敛速率和种群大小

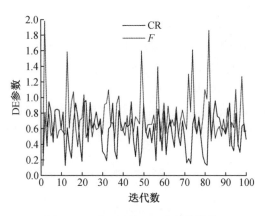

图 5.6　FON 函数 DE 参数的演化

　　总之,尽管这个用例测试非常简单,但与其他进化算法相比,SA-MODE 能够在更少的目标函数评估量下获得帕累托曲线。

5.3　KUR 函数

　　KUR 函数的测试用例由 Kursawe[5] 提出,并由 Deb[2] 和 Lobato[3] 进行了研究。在数学上,该函数给出了一个在不同的区域不相连的非凸帕累托曲线。这个问题在数学上可以描述为

$$KUR = \begin{cases} \min f_1(\boldsymbol{x}) = \sum_{i=1}^{2}\left[-10\exp\left(-0.2\sqrt{x_i^2+x_{i+1}^2}\right)\right] \\ \min f_2(\boldsymbol{x}) = \sum_{i=1}^{3}\left[|x_i|^{0.8}+5\sin(x_i^3)\right] \end{cases} \tag{5.3}$$

式中,$\boldsymbol{x}$ 是一个设计变量向量,定义域为 $-5 \leqslant x_i \leqslant 5 (i=1,2,3)$。该函数有一个最优解,定义为 4 个不同的区域[2]:首先,等于 1 的点对应 $x_i=0(i=1,2,3)$;然后是一个不连续的区域($x_1=x_2=0$),以及另外两个不连续的区域($x_1=x_3=0$)。

表 5.6 给出了在考虑不同进化策略时用于求解 KUR 函数需考虑的参数。

表 5.6　求解 KUR 函数需考虑的参数

参数	算法		
	NSGA Ⅱ[2]	MODE[3]	SA-MODE
N_{gen}	250	150	100
NP	100	50	50 ~ 100
CR	0.85	0.85	0 ~ 1
p_m	0.05	—	—
F	—	0.50	0 ~ 2
R	—	10	—
r	—	0.90	—
K/%	—	—	40

图 5.7 给出了通过 MODE 和 SA-MODE 求解 KUR 函数得到的帕累托曲线。由 SA-MODE 得到的结果和解析的帕累托曲线在收敛性和多样性方面具有很好的一致性。该解是经过 7 111 次目标函数评价得到的。与 NSGA Ⅱ(25 100,即 100 + 100 × 250)和 MODE(15 050,即 50 + 100 × 150)相比,评估量分别减少了约 72% 和 53%。

表 5.7 展示了考虑不同进化策略求解 KUR 函数的收敛性和多样性指标。研究结果表明,NSGA Ⅱ 和 MODE 的结果均优于 SA-MODE。然而,SA-MODE 所要求的目标函数评估量均小于 NSGA Ⅱ 和 MODE 所要求的评估量。在这种情况下,可以认为按所提出的方法得到的结果是可以接受的。

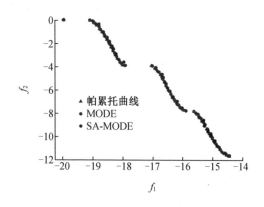

图 5.7　KUR 函数的帕累托曲线

表 5.7　采用不同算法求解 KUR 函数的指标

参数		算法		
		NSGA Ⅱ[2]	MODE[3]	SA-MODE
γ	$\overline{\gamma}$	0.028 9	0.034 1	0.039 3
	σ_γ^2	0	0	0
Δ	$\overline{\Delta}$	0.411 4	0.224 5	0.456 5
	σ_Δ^2	0.000 9	0.007 7	0.009 8

　　图 5.8 展示了 SA-MODE 进化过程中收敛速率和种群大小的演化。如图所示,经过 K 代($K = 40\%$)后,SA-MODE 的收敛速度近似等于 1,种群规模趋于最小值。这是由于曲线以下的面积趋于恒定(在这种情况下,收敛到解析的帕累托曲线),从而降低了求解该测试用例所需的目标函数评估量。此外,图 5.9 给出了 SA-MODE 进化过程中 DE 参数的演化。F 和 CR 都使用前面提出的方法进行动态更新,在相对于其他进化策略较低的目标函数评估量下,保证了收敛性和多样性。

　　总的来说,与其他进化算法相比,使用 SA-MODE 得到的帕累托曲线是令人满意的。虽然可以观察到指标之间的差异,但 SA-MODE 所要求的目标函数评估量少于其他进化策略所要求的数量。

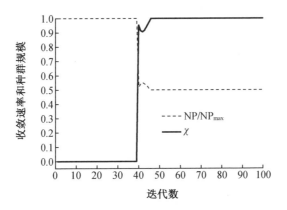

图 5.8 KUR 函数的收敛速率和种群大小

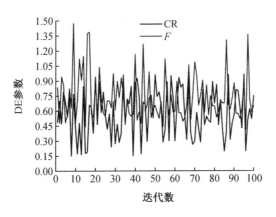

图 5.9 KUR 函数 DE 参数的演化

5.4 GTP 函数

GTP 函数优化测试用例由 Deb[2] 提出,并由 Lobato[3] 进行了研究并提出了其存在局部最优这一主要特征。在数学上,该函数可以描述为

$$
\text{GTP} = \begin{cases}
\min f_1(\boldsymbol{x}) = x_1 \\
\min f_2(\boldsymbol{x}) = g(\boldsymbol{x})\left[1 - \sqrt{\dfrac{x_1}{g(\boldsymbol{x})}}\right] \\
g(\boldsymbol{x}) = 2 + \displaystyle\sum_{i=2}^{30} \dfrac{x_i^2}{4\,000} - \prod_{i=2}^{30} \cos\left(\dfrac{x_i}{\sqrt{i}}\right)
\end{cases} \tag{5.4}
$$

式中,$\boldsymbol{x}$ 是一个设计变量向量,定义域为 $0 \leq x_1 \leq 1$ 和 $-5.12 \leq x_i \leq 5.12$($i = 2$,3,$\cdots$,30)。如 Deb[2] 所述,该函数存在以下解析解:$0 \leq x_1 \leq 1$ 和 $x_i = 0$($i = 2$,3,$\cdots$,30)。表 5.8 给出了考虑不同进化策略时求解 GTP 函数所考虑的参数。

图 5.10 给出了通过 MODE 和 SA-MODE 求解 GTP 函数得到的帕累托曲线。如图所示,SA-MODE 算法能够找到解析的帕累托曲线。关于目标函数评估的数量,SA-MODE 需要 7 108 次评估。与 NSGA Ⅱ(25 100,即 100 + 100 × 250)和 MODE(20 100,即 100 + 100 × 200)相比,评估量分别减少了约 72% 和 65%。

表 5.8　求解 GTP 函数需考虑的参数

参数	算法		
	NSGA Ⅱ[2]	MODE[3]	SA-MODE
N_{gen}	250	100	100
NP	100	100	50 ~ 100
CR	0.85	0.85	0 ~ 1
p_m	0.05	—	—
F	—	0.50	0 ~ 2
R	—	10	—
r	—	0.90	—
$K/\%$	—	—	40

表 5.9 给出了考虑不同进化策略求解 GTP 函数的收敛性和多样性指标。在收敛性方面,由 SA-MODE 得到的结果与由 NSGA Ⅱ 得到的结果相似,但不如由 MODE 得到的结果。在多样性方面,MODE 的结果优于 SA-MODE 的结果。然而,所提出的方法所要求的目标函数的评估量少于其他算法所要求的评估量。

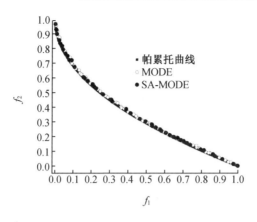

图 5.10 GTP 函数的帕累托曲线

表 5.9 采用不同算法求解 GTP 函数的指标

参数		算法		
		NSGA II[2]	MODE[3]	SA-MODE
γ	$\overline{\gamma}$	0.027 9	0.016 0	0.029 6
	σ_γ^2	0.010 1	0.000 4	0.000 5
Δ	$\overline{\Delta}$	—	0.000 2	0.000 4
	σ_Δ^2	—	0	0

图 5.11 展示了 SA-MODE 进化过程中的收敛速率和种群大小。

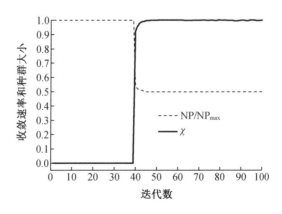

图 5.11 GTP 函数的收敛速率和种群大小

正如在前几个测试用例中观察到的那样,如图所示,在 K 代之后,收敛速率迅速趋于1(曲线以下的面积趋向于恒定,即收敛到解析的帕累托曲线),并且种群规模趋于最小值。在优化过程中,种群规模的减小代表了目标函数评估数量的降低。图 5.12 展示了 SA-MODE 化过程中 DE 参数的演化。

如图所示,可以观察到 SA-MODE 进化过程中 DE 参数的演化。参数 F 和 CR 根据所提出的方法进行了动态更新。

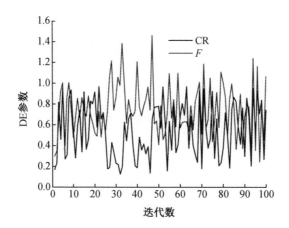

图 5.12　GTP 函数 DE 参数的演化

总的来说,使用 SA-MODE 得到的结果与其他进化算法得到的结果相比可以接受。在目标函数评估量方面,自适应过程的结果优于 NSGA Ⅱ 和 MODE。

5.5　ZDT 函数

ZDT 函数由 Zitzler 等[6]提出,是评估不同进化算法性能的最常用的数学测试用例。在数学上,该函数被定义为

$$\text{ZDT} = \begin{cases} \min f_1(x) \\ \min f_2(x) = g(x)h[f_1(x), g(x)] \end{cases} \tag{5.5}$$

其中,为每个测试用例定义了相应的 g 和 h 函数。因此,对这类函数的描述如下:

(1)ZDT2:该函数具有函数 ZDT1 的非凸性,如第 4 章所述:

$$\begin{cases} f_1(x) = x_1 \\ g(x_2, x_3, \cdots, x_m) = 1 + 9 \sum_{i=2}^{m} \dfrac{x_i}{m-1} \\ h(f_1(x), g(x)) = 1 - [f_1(x)/g(x)]^2 \end{cases} \qquad (5.6)$$

（2）ZDT3：该函数表示离散特性，其帕累托最优前沿由几个分离的连续凸部分组成：

$$\begin{cases} f_1(x) = x_1 \\ g(x_2, x_3, \cdots, x_m) = 1 + 9 \sum_{i=2}^{m} \dfrac{x_i}{m-1} \\ h(f_1(x), g(x)) = 1 - [f_1(x)/g(x)]^{0.5} - [f_1(x)/g(x)] \sin[10\pi f_1(x)] \end{cases}$$
$$(5.7)$$

（3）ZDT4：该函数包含 21^9 局部帕累托最优前沿。

$$\begin{cases} f_1(x) = 1 - \exp(-4x_1) \sin^6(6\pi x_1) \\ g(x_2, \cdots, x_m) = 1 + 9\left(\sum_{i=2}^{m} \dfrac{x_i}{m-1} \right)^{0.25} \\ h(f_1(x), g(x)) = 1 - (f_1(x)/g(x))^2 \end{cases} \qquad (5.8)$$

（4）ZDT6：该函数包含非凸的帕累托曲线，其中最优解的密度是不均匀的。

$$ZDT6 = \begin{cases} f_1(x_1) = 1 - \exp(-4x_1) \sin^6(6\pi x_1) \\ g(x_2, x_3 \cdots, x_m) = 1 + 9\left(\sum_{i=2}^{m} \dfrac{x_i}{9} \right)^{0.25} \\ h[f_1(x), g(x_2, x_3, \cdots, x_m)] = 1 - [f_1(x_1)/g(x_2, x_3, \cdots, x_m)]^2 \end{cases}$$
$$(5.9)$$

表 5.10 给出了考虑不同进化策略求解 ZDT 函数时所考虑的参数。

表 5.10　求解 ZDT 函数需考虑的参数

参数	算法		
	NSGA Ⅱ[2]	MODE[3]	SA-MODE
N_{gen}	250	150	150
NP	100	100	50 ~ 100
CR	0.80	0.85	0 ~ 1
p_m	0.01	—	—

表 5.10(续)

参数	算法		
	NSGA Ⅱ[2]	MODE[3]	SA-MODE
F	—	0.50	0~2
R	—	10	—
r	—	0.90	—
$K/\%$	—	—	40

图 5.13、5.14、5.15 和 5.16 给出了通过 MODE 和 SA-MODE 算法求解 ZDT 函数得到的帕累托曲线。在所有的图中，SA-MODE 算法总是能够在收敛性和多样性方面得到与 MODE 算法相当的解析帕累托曲线。

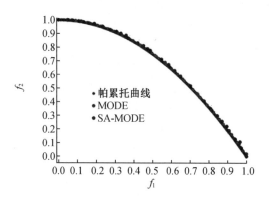

图 5.13　ZDT2 函数的帕累托曲线

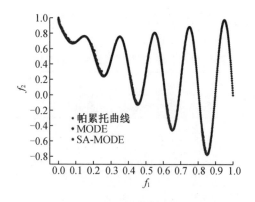

图 5.14　ZDT3 函数的帕累托曲线

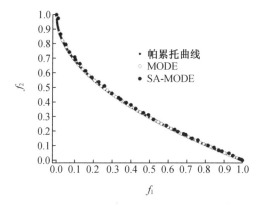

图5.15　ZD4函数的帕累托曲线

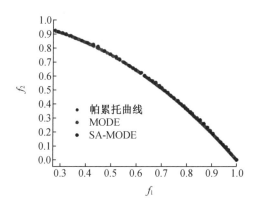

图5.16　ZD6函数的帕累托曲线

　　表5.11给出了通过NSGA Ⅱ、MODE和SA-MODE求解ZDT函数所需评估的目标函数的数量。从表中可以看出,SA-MODE在求解ZDT函数时,比NSGA Ⅱ和MODE需要更少的目标函数评估量;而解的质量可以在收敛性和多样性方面得到保证。

表5.11　采用不同进化策略求解 ZDT 函数所需的目标函数评估数量

函数	算法		
	NSGA Ⅱ[2]	MODE[3]	SA-MODE
ZDT2	25 100(56%)[a]	30 100(64%)	10 917
ZDT3	25 100(54%)	30 100(62%)	11 382

表 5.11(续)

函数	算法		
	NSGA Ⅱ[2]	MODE[3]	SA-MODE
ZDT4	25 100(54%)	30 100(62%)	11 607
ZDT6	25 100(52%)	30 100(61%)	11 892

[a] 观察到的 SA-MODE 的降低。

表 5.12 给出了 30 次运行后的收敛性和多样性指标。如表所示,使用 SA-MODE 获得的每个指标的结果都优于 NSGA Ⅱ,但是比 MODE 差。然而,对于所有测试用例,所提出的方法所要求的目标函数评估量都少于 MODE 和 NSGA Ⅱ 算法。

图 5.17、5.18、5.19 和 5.20 展示了 SA-MODE 进化过程中的收敛速率和种群大小。

如上图所示,与之前的测试用例不同,在 K 代(40%)之后,ZDT2 和 ZDT3 的收敛到 1 的速率更慢,而 ZDT4 和 ZDT6 分别收敛到 0.9 和 0.8。对于所有函数,伴随着进化过程,种群规模都会减小,相应的目标函数评估量也会减少。此外,值得注意的是,对于 ZDT4 和 ZDT6 的函数,种群规模会随着进化过程出现增加和减小。这是因为在进化中生成了新的候选对象,从而改变了曲线包围的面积,进而改变了收敛速度和种群规模。

表 5.12 采用不同算法求解 ZDT 函数的指标

函数	算法	$\overline{\gamma}$	σ_γ^2	$\overline{\Delta}$	σ_Δ^2
ZDT2	NSGA Ⅱ[a]	0.072 3	0.031 6	0.430 7	0.004 7
	MODE[b]	0.001 1	0	0.254 9	0
	SA-MODE	0.056 1	0.005 9	0.334 9	0.001 9
ZDT3	NSGA Ⅱ	0.114 5	0.007 9	0.738 5	0.019 7
	MODE	0.001 0	0	0.288 1	0.003 2
	SA-MODE	0.109 0	0.009 2	0.578 1	0.012 5
ZDT4	NSGA Ⅱ	0.513 0	0.118 4	0.702 6	0.064 6
	MODE	0.023 4	0	0.381 4	0.001 2
	SA-MODE	0.168 7	0.000 3	0.547 8	0.002 3

表 5.12（续）

函数	算法	$\overline{\gamma}$	σ_{γ}^2	$\overline{\Delta}$	σ_{Δ}^2
ZDT6	NSGA Ⅱ	0.296 6	0.013 2	0.668 1	0.010 0
	MODE	0.001 6	0	0.376 3	0.002 3
	SA-MODE	0.164 5	0.000 1	0.567 8	0.011 1

注：[a] Deb[2]；

　　[b] Lobato[3]。

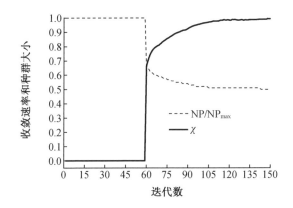

图 5.17　ZDT2 函数的收敛速率和种群大小

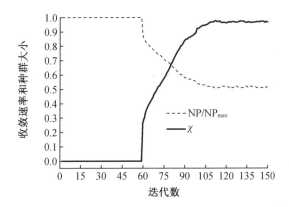

图 5.18　ZDT3 函数的收敛速率和种群大小

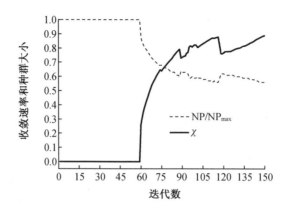

图 5.19　ZDT4 函数的收敛速率和种群大小

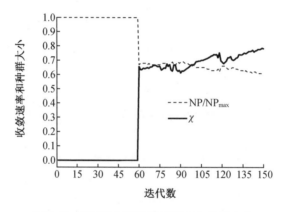

图 5.20　ZDT6 函数的收敛速率和种群大小

图 5.21、5.22、5.23 和 5.24 展示了 SA-MODE 进化过程中 DE 参数的演化。如图所示,可以观察到 SA-MODE 进化过程中 DE 参数的演化。如前文所述,必须强调的是,对于 ZDT1 函数,使用规模较小的种群并不能保证收敛性和多样性,如第 4 章所述。此外,K 参数(40%)被认为是一个很好的估计。这保证了种群在几代后能够找到帕累托曲线的形状。

最后,通过 SA-MODE 求解 ZDT 函数的结果相比其他进化算法是可以接受的,其降低了目标函数的评估量同时又保证了解的质量。

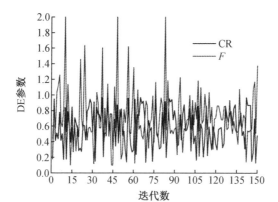

图 5.21　ZDT2 函数 DE 参数的演化

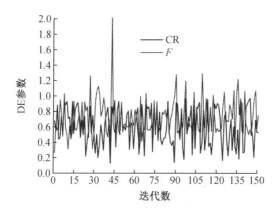

图 5.22　ZDT3 函数 DE 参数的演化

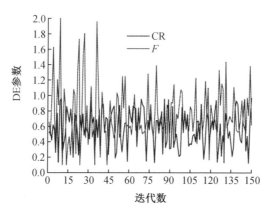

图 5.23　ZDT4 函数 DE 参数的演化

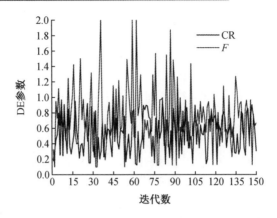

图 5.24　ZDT6 函数 DE 参数的演化

5.6　Min-Ex 函数

Min-Ex 函数的简单问题由 Deb[2] 提出,并通过两个设计变量(x_1 和 x_2)来考虑两个约束条件下的两个目标函数的最小化问题:

$$
\text{Min-Ex} = \begin{cases} \min f_1(x) = x_1 \\ \min f_2(x) = \dfrac{1+x_2}{x_1} \\ g_1 \equiv x_2 + 9x_1 \geqslant 6 \\ g_2 \equiv -x_2 + 9x_1 \geqslant 1 \end{cases} \tag{5.10}
$$

该问题的设计空间为 $0.1 \leqslant x_1 \leqslant 1$ 和 $0 \leqslant x_2 \leqslant 5$。在两个区域中给出了该函数的解析解[2]:第一个区域包括 $0.39 \leqslant x_1 \leqslant 0.67$ 和 $x_2 = 6 - 9x_1$;第二个区域包括 $0.67 \leqslant x_1 \leqslant 1$ 和 $x_2 = 0$。

表 5.13 给出了求解 Min-Ex 函数所考虑的参数。

表5.13　求解 Min-Ex 函数需考虑的参数

参数	算法	
	MODE[3]	SA-MODE
N_{gen}	50	50
NP	100	50 ~ 100
CR	0.85	0 ~ 1
F	0.50	0 ~ 2
R	10	—
r	0.90	—
r_{p1}	1.2	1.2
r_{p2}	9	9
$K/\%$	—	40

图5.25 给出了通过 MODE 和 SA-MODE 求解 Min-Ex 函数得到的帕累托曲线。如图所示,所提出的方法能够得到一个很好的帕累托曲线解析解的近似值。

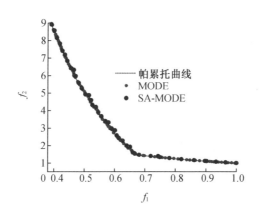

图5.25　Min-Ex 函数的帕累托曲线

关于目标函数评估的数量,MODE 和 SA-MODE 分别需要 10 100(100 + 100 ×50)和 3 600 次评估。与 MODE 相比,SA-MODE 算法减少了约 64% 的评估量,而不损失解的质量。

表5.14 给出了用不同进化策略求解 GTP 函数的收敛性和多样性指标。

如表所示,SA-MODE 算法得到的结果在收敛性和多样性指标方面都不如 MODE 算法。然而,SA-MODE 所要求的目标函数评估量少于 MODE 算法。

表 5.14   采用不同算法求解 Min-Ex 函数的指标

参数		算法	
		MODE[3]	SA-MODE
γ	$\overline{\gamma}$	0.000 1	0.000 2
	σ_γ^2	0	0
Δ	$\overline{\Delta}$	0.004 7	0.006 2
	σ_Δ^2	0	0

图 5.26 展示了 SA-MODE 算法的收敛速率和种群大小。如图所示,在 K 代之后,收敛速率迅速趋于 1,即经过几次迭代后,曲线下面积变得恒定。因此,种群规模趋于最小值,目标函数的评价量相应减少。

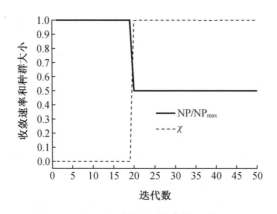

图 5.26   Min-Ex 函数的收敛速率和种群大小

图 5.12 展示了 SA-MODE 进化过程中 DE 参数的演化。如前所述,F 参数和 CR 参数根据所提出的方法进行了动态更新,假定定义域如第 4 章所述。

在本测试用例中,使用 SA-MODE 获得的结果在收敛性和多样性方面是令人满意的,如表 5.14 所示,与 MODE 相比减少了目标函数评估量,而不损失解的质量。

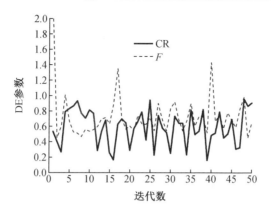

图 5.27 Min-Ex 函数 DE 参数的演化

5.7 BNH 函数

BNH 函数的约束优化问题由 Binh 和 Korn[7] 提出,并由 Deb[2] 和 Lobato[3] 进行了研究。在数学上,这个问题被描述为

$$
\mathrm{BNH} = \begin{cases}
\min f_1(\boldsymbol{x}) = 4x_1^2 + 4x_2^2 \\
\min f_2(\boldsymbol{x}) = (x_1 - 5)^2 + (x_2 - 5)^2 \\
g_1 \equiv (x_1 - 5)^2 + x_2^2 \leqslant 25 \\
g_2 \equiv (x_1 - 8)^2 + (x_2 + 3)^2 \geqslant 7.7
\end{cases} \tag{5.11}
$$

式中,$\boldsymbol{x}$ 是一个设计变量向量,定义域为 $0 \leqslant x_1 \leqslant 5$ 和 $0 \leqslant x_2 \leqslant 3$。这个测试用例给出了两个不同区域的最优解[2]:一个对应于 $x_1 = x_2 \in (0,3)$,另一个对应 $x_1 \in (3,5)$ 和 $x_2 = 3$。表 5.15 给出了求解 BNH 函数所考虑的参数。

表 5.15 求解 BNH 函数需考虑的参数

参数	算法	
	MODE[3]	SA-MODE
N_{gen}	100	100
NP	50	$25 \sim 50$
CR	0.85	$0 \sim 1$

表 **5.15**(续)

参数	算法	
	MODE[3]	SA-MODE
F	0.50	0 ~ 2
R	10	—
r	0.90	—
r_{p1}	200	200
r_{p2}	100	100
$K/\%$	—	40

图 5.28 展示了通过 MODE 和 SA-MODE 求解 BNH 函数得到的帕累托曲线。如图所示,SA-MODE 算法能够找到解析的帕累托曲线。在目标函数评估量方面,MODE 和 SA-MODE 分别需要 $10\,050(50 + 100 \times 100)$ 和 $3\,560$ 次评估。SA-MODE 算法与 MODE 算法相比减少了约 65% 的评估量。

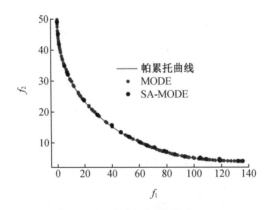

图 5.28　BNH 函数的帕累托曲线

表 5.16 给出了采用不同进化策略求解 BNH 函数的收敛性和多样性指标。通过 MODE 得到的结果优于 SA-MODE 算法,但导致了更多的目标函数评估量。

表 5.16　采用不同算法求解 BNH 函数的指标

参数		算法	
		MODE[3]	SA-MODE
γ	$\overline{\gamma}$	0.202 7	0.236 7
	σ^2_γ	0.002 1	0.007 8
Δ	$\overline{\Delta}$	0.024 9	0.037 7
	σ^2_Δ	0.000 1	0.000 2

图 5.29 展示了 SA-MODE 算法的收敛速率和种群大小。

如图所示,在 K 代之后,SA-MODE 算法的收敛速率迅速趋于 1,种群规模趋于最小值,即曲线下的面积趋于常数,并收敛到解析的帕累托曲线;此外,目标函数的评估量相应减少。

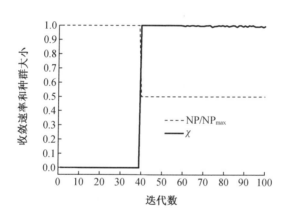

图 5.29　BNH 函数的收敛速率和种群大小

图 5.30 展示了 SA-MODE 进化过程中 DE 参数的演化。

综上所述,根据对测试用例的观察,相比于其他进化策略,所提出的动态更新 DE 参数的方法可以实现在更少的目标函数评估量下,成功地找到了帕累托曲线。

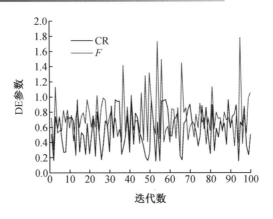

图 5.30　BNH 函数 DE 参数的演化

5.8　SRN 函数

SRN 函数由 Srinivas 和 Deb[8] 提出,并由 Deb[2] 和 Lobato[3] 进行了研究。在数学上,这个问题表示为

$$\text{SRN} = \begin{cases} \min f_1(\boldsymbol{x}) = 2 + (x_1 - 2)^2 + (x_2 - 1)^2 \\ \min f_2(\boldsymbol{x}) = 9x_1 - (x_2 - 1)^2 \\ g_1 \equiv x_1^2 + x_2^2 \leqslant 225 \\ g_2 \equiv x_1 - 3x_2 + 10 \leqslant 0 \end{cases} \tag{5.12}$$

式中,$\boldsymbol{x}$ 是一个设计变量向量,定义域为 $-20 \leqslant x_i \leqslant 20 (i = 1, 2)$。其解析解为[2] $x_1 = -2.5$ 和 $x_2 \in (-14.8, 2.5)$。

表 5.17 给出了求解 SRN 函数所考虑的参数。

表 5.17　求解 SRN 函数需考虑的参数

参数	算法	
	MODE[3]	SA-MODE
N_{gen}	50	50
NP	100	50 ~ 100
CR	0.85	0 ~ 1

表 5.17(续)

参数	算法	
	MODE[3]	SA-MODE
F	0.50	0~2
R	10	—
r	0.90	—
r_{p1}	250	250
r_{p2}	250	250
$K/\%$	—	40

　　图 5.31 展示了通过不同策略求解 BNH 函数得到的帕累托曲线。如图所示,通过使用所提出的方法,可以得到帕累托曲线的一个很好的近似。

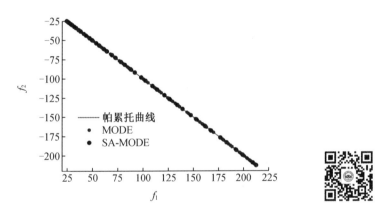

图 5.31　SRN 函数的帕累托曲线

　　在目标函数评估量方面,SA-MODE 需要 3 650 次评估来求解 SRN 函数。这意味着与 MODE(10 100,即 100 + 200 × 50)相比,SA-MODE 算法减少了约 64% 的评估量。

　　表 5.18 给出了采用不同进化策略求解 SRN 函数的收敛性和多样性指标。如表所示,通过 MODE 算法得到的结果与 SA-MODE 算法类似。然而,SA-MODE 需要的目标函数评估量相比 MODE 更小。

表 5.18　用不同算法求解 SRN 函数的指标

参数		算法	
		MODE[3]	SA-MODE
γ	$\overline{\gamma}$	0.339 8	0.359 8
	σ_γ^2	0.023 1	0.034 5
Δ	$\overline{\Delta}$	0.041 8	0.050 9
	σ_Δ^2	0.001 2	0.001 5

　　图 5.32 和图 5.33 展示了 SA-MODE 算法进化过程中的收敛速率、种群规模和 DE 参数。如其他测试用例中所述,在图 5.32 中可以观察到,在 K 代之后,收敛速率迅速趋近于 1,种群规模趋于最小值,从而减少了目标函数的评估数量。

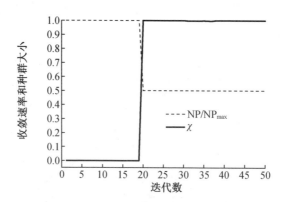

图 5.32　SRN 函数的收敛速率和种群大小

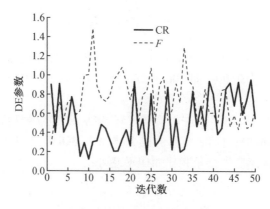

图 5.33　SRN 函数 DE 参数的演化

在使用所提出的方法获得的帕累托曲线中观察到,SA-MODE 算法获得了良好的收敛性和多样性指标;此外,与 MODE 算法相比,SA-MODE 算法需要更少的目标函数评估数量,而不损失解的质量。

5.9 OSY 函数

OSY 函数的优化问题由 Osyczka 和 Kundu[9] 提出,并由 Deb[2] 和 Lobato[3] 进行了研究。在数学上,这个约束优化问题表示为

$$
\text{OSY} = \begin{cases}
\min f_1(\boldsymbol{x}) = -\big[25(x_1-2)^2 + (x_2-2)^2 + (x_3-1)^2 + \\
\qquad\qquad (x_4-4)^2 + (x_5-1)^2 \big] \\
\min f_2(\boldsymbol{x}) = x_1^2 + x_2^2 + x_3^2 + x_4^2 + x_5^2 + x_6^2 \\
g_1 \equiv x_1 + x_2 - 2 \geqslant 0 \\
g_2 \equiv 6 - x_1 - x_2 \geqslant 0 \\
g_3 \equiv 2 - x_2 + x_1 \geqslant 0 \\
g_4 \equiv 2 - x_1 + 3x_2 \geqslant 0 \\
g_5 \equiv 4 - (x_3-3)^2 - x_4 \geqslant 0 \\
g_6 \equiv (x_5-3)^2 + x_6 - 4 \geqslant 0
\end{cases}
\tag{5.13}
$$

式中,$\boldsymbol{x}$ 是一个设计变量向量,定义域为 $0 \leqslant x_i \leqslant 10 (i=1,2,6)$,$1 \leqslant x_j \leqslant 5 (j=3,5)$ 和 $0 \leqslant x_4 \leqslant 6$。表 5.19 给出了其解析解。

表 5.19　OSY 函数的帕累托曲线

解析解				活动约束
x_1	x_2	x_3	x_5	
5	1	$(1\cdots5)$	5	g_2, g_4, g_6
5	1	$(1\cdots5)$	1	g_2, g_4, g_6
$(4\,056\cdots5)$	$(x_1-2)/3$	1	1	g_4, g_5, g_6
0	2	$(1\cdots3\,732)$	1	g_1, g_3, g_6
$(0\cdots1)$	$2-x_1$	1	1	g_1, g_5, g_6

表 5.20 给出了求解 OSY 函数所考虑的参数。

表 5.20　求解 OSY 函数需考虑的参数

参数	算法	
	MODE[3]	SA-MODE
N_{gen}	50	50
NP	100	50 ~ 100
CR	0.85	0 ~ 1
F	0.50	0 ~ 2
R	10	—
r	0.90	—
r_{p1}	100	100
r_{p2}	100	100
$K/\%$	—	40

图 5.34 展示了通过不同策略求解 OSY 函数得到的帕累托曲线。如图所示,SA-MODE 可以得到帕累托曲线的一个很好的近似值。此外,在目标函数评估量方面,SA-MODE 需要 3 605 次评估。这意味着与 MODE(10 100,即100 + 200×50)相比,SA-MODE 算法减少了约64%的评估量。

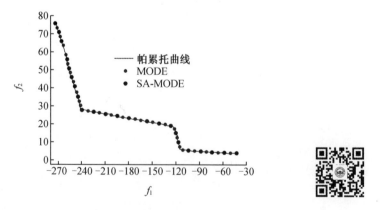

图 5.34　OSY 函数的帕累托曲线

表 5.21 给出了采用不同进化策略求解 OSY 函数的收敛性和多样性指标。通过 MODE 算法得到的结果与 SA-MODE 算法类似。

表 5.21　用不同算法求解 OSY 函数的指标

参数		算法	
		MODE[3]	SA-MODE
γ	$\overline{\gamma}$	0.023 4	0.034 4
	σ_{γ}^{2}	0.002 1	0.002 3
Δ	$\overline{\Delta}$	0.544 7	0.609 6
	σ_{Δ}^{2}	0.000 1	0.000 1

　　图 5.35 展示了 SA-MODE 算法进化过程中的收敛速率和种群规模。如图所示,在第 K 代(40%)以前,收敛速率近似为 0,种群规模近似为最大值。第 K 代之后,随着面积趋向恒定,收敛速率趋近于 1 且种群规模趋近于最小值,这意味着目标函数的评估数量的降低。

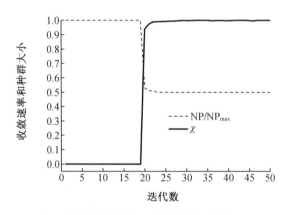

图 5.35　OSY 函数的收敛速率和种群大小

　　图 5.36 展示了 SA-MODE 算法进化过程中 DE 参数的演化。如前所述,利用所提出的方法动态更新参数(F 和 CR)时,DE 参数和进化过程/种群大小相互依赖。

　　总的来说,将该测试用例中使用 SA-MODE 得到的结果与其他进化算法得到的结果进行比较,可以证明自适应过程能够在不损失解质量的情况下降低目标函数评估的数量。

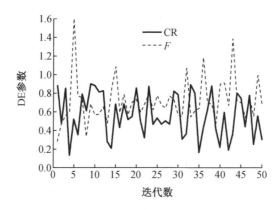

图 5.36　OSY 函数 DE 参数的演化

5.10　总　　结

在本章中,SA-MODE 算法被应用于一系列具备不同复杂性的数学函数。我们将所提出的方法与其他进化策略方法的结果以及相应的解析解进行了比较。分析结果表明,与其他进化策略算法相比,SA-MODE 算法能够在较少的目标函数评估量下,以较好的收敛性和多样性获得帕累托曲线的近似,如表 5.22 所示。

表 5.22　多目标优化算法在数值测试用例中的表现

算例	NSGA Ⅱ	MODE	SA-MODE
5.1	25 100	10 050	3 550
5.2	25 100	20 100	7 100
5.3	25 100	15 050	7 111
5.4	25 100	20 100	7 108
5.5ZDT2	25 100	30 100	10 917
5.5ZDT3	25 100	30 100	11 382
5.5ZDT4	25 100	30 100	11 607
5.5ZDT6	25 100	30 100	11 892

表 5.22(续)

算例	NSGA Ⅱ	MODE	SA-MODE
5.6	—	10 100	3 600
5.7	—	10 050	3 560
5.8	—	10 100	3 650
5.9	—	10 100	3 605

值得注意的是,尽管收敛性和多样性指标并没有比其他进化算法更好,但是本文的主要目标是,提出一个新的基于差异进化与动态更新参数的多目标优化算法策略,用来减少目标函数评估的数量。在这种情况下,如果对于每个测试用例考虑更多的个体和/或更多的代,可能会得到更好的结果。

综上所述,需要强调两点:SA-MODE 所要求的目标函数评估次数小于或等于其他算法所要求的目标函数评估次数;SA-MODE 参数根据过程演化进行动态更新。从优化的角度来看,这两个特性非常有吸引力。在这个意义上说,解决方案的质量并不依赖于用户定义的参数的初始值。

为了进一步评价所提出的方法,下一章介绍了 SA-MODE 算法在一系列具有不同复杂度的工程系统中的应用。

参 考 文 献

[1] Schaffer, J. D. : Some experiments in machine learning using vector evaluated genetic algorithms. Ph. D Dissertation. Vanderbilt University, Nashville, USA (1984)

[2] Deb, K. : Multi-Objective Optimization Using Evolutionary Algorithms. Wiley, Chichester(2001). ISBN 0 – 471 – 87339 – X

[3] Lobato, F. S. : Multi-objective optimization for engineering system design. Thesis (in Portuguese), Federal University of Uberlândia, Uberlândia (2008)

[4] Fonseca, C. M. , Fleming, P. J. : Genetic algorithms for multiobjective optimization:formulation, discussion and generalization. In:Forrest, S. (ed.) Proceedings of the 5th International Conference on Genetic Algorithms,

San Mateo, CA, University of Illinois at Urbana-Champaign, pp. 416 – 423. Morgan Kauffman, San Mateo (1993)

[5] Kursawe, F. : A variant of evolution strategies for vector optimization. In: Parallel Problem Solving from Nature, pp. 193 – 197. Springer, Berlin (1990)

[6] Zitzler, E. , Deb, K. , Thiele, L. : Comparison of multiobjective evolutionary algoritms: empirical results. Evol. Comput. J. 8(2), 125 – 148 (2000)

[7] Binh, T. T. , Korn, U. : MOBES: a multiobjective evolution strategy for constrained optimization problems. In: The Third International Congress on Genetic Algorithms, pp. 176 – 182 (1997)

[8] Srinivas, N. , Deb, K. : Multiobjective optimization using nondominated sorting in genetic algorithms. Evol. Comput. 2(3), 221 – 248 (1994)

[9] Osyczka, A. , Kundu, S. : A new method to solve generalized multicriteria optimization problems using the simple genetic algorithm. Struct. Optim. 10 (2), 94 – 99 (1995)

第6章 SA-MODE在工程问题中的应用

在上一章中,我们将SA-MODE应用于不同复杂度的数学函数。在本章中,SA-MODE用于解决受迭代次数和/或微分和/或迭代次数微分约束影响的工程问题。本章研究的问题包括:工字梁和焊接梁的优化;不锈钢可加工性优化和基于表面响应的元模型的水力旋流器性能优化;迭代次数约束下的烷基化过程优化;微分约束下的间歇搅拌斧式反应器(生化)优化;解决最优控制问题(催化剂混合和结晶过程,分别受微分和积分-微分约束);利用元有限法对回转烘干机的优化及柔性转子的建模与设计。为了评价所提方法的性能,我们将结果与使用多目标进化算法得到的结果进行了比较。

6.1 工 字 梁

工字梁由 Castro[1]、Lobato 和 Steffen[2]、Lobato[3]进行了研究,并致力于确定对工字梁的多目标优化的帕累托曲线,如图 6.1 所示[1]。

该问题的目标函数是横截面的面积(f_1),单位是 cm^2,最大静态位移(f_2)以 cm 为单位,两者均应分别根据以下公式进行最小化:

$$\min f_1 = 2x_2x_4 + x_3(x_1 - 2x_4) \tag{6.1}$$

$$\min f_2 = \frac{PL_3}{48EI} \tag{6.2}$$

式中,x_1、x_2、x_3 和 x_4 是设计变量,它对应梁的尺寸,其大小不违反以下约束条件:$10\ cm \leqslant x_1 \leqslant 80\ cm$,$10\ cm \leqslant x_2 \leqslant 50\ cm$,$0.9\ cm \leqslant x_3 \leqslant 5\ cm$ 和 $0.9\ cm \leqslant x_4 \leqslant 5\ cm$。$E$ 是杨氏模量($2 \times 10^4\ kN/cm^2$),σ 为梁的屈服应力($16\ kN/cm^2$),P 和 Q 分别为梁中点施加的垂直荷载($600\ kN$)和水平荷载($50\ kN$),L 为梁的长度($200\ cm$),I 为惯性矩,由下式计算:

$$I = \frac{x_3(x_1 - 2x_4)^3 + 2x_2x_4(4x_4^2 + 3x_1(x_1 - 2x_4))}{12} \tag{6.3}$$

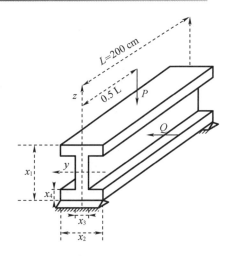

图 6.1 工字梁

此外，本问题还提出了以下设计约束条件：

$$\frac{M_Y}{W_Y} + \frac{M_Z}{W_Z} \leq \sigma \tag{6.4}$$

式中，M_Y（30 000 kN·cm）和 M_Z（25 000 kN·cm）分别是沿 Y、Z 方向的最大力矩，W_Y 和 W_Z 分别为截面 Y、Z 方向的电阻模块。剪切模量的计算表达式如下：

$$W_Y = \frac{x_3(x_1 - 2x_4)^3 + 2x_2x_4[4x_4^2 + 3x_1(x_1 - 2x_4)]}{6x_1} \tag{6.5}$$

$$W_Z = \frac{(x_1 - 2x_4)x_3^3 + 2x_4x_2^3}{6x_2} \tag{6.6}$$

Castro[1] 采用 Pareto 多目标遗传算法（Pareto multi-objective genetic algorithm，PMOGA）解决这个问题，考虑以下参数：种群大小（50）、迭代次数（500）、交叉概率（0.85）和突变概率（0.05）。Lobato 和 Steffen[2] 也利用 MODE 解决了同样的问题，并考虑了以下参数：种群大小（30）、迭代次数（250）、交叉概率（0.85）、扰动率（0.5）、伪曲线数（10）和减少率（0.9）。对于 SA-MODE，考虑了以下参数：最小种群大小（50）和最大种群大小（100）、迭代次数（100）和 K 参数（40%）。利用第 4 章提出的策略动态更新种群大小、交叉概率和扰动率。对于约束函数的考虑，所有的算法都采用了 Castro[1] 提出的惩罚方法。在这种情况下，每个目标函数所考虑的惩罚参数分别为 1 000 和 10。

通过 SA-MODE 得到的帕累托曲线，并与 PMOGA 和 MODE 得到的帕累托曲线进行比较，如图 6.2 所示。结果表明，与 PMOGA 和 MODE 相比，SA-MODE 得到的结果具有较好的收敛性和多样性。

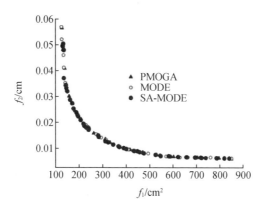

图 6.2　工字梁问题的帕累托曲线

在目标函数评估次数方面，PMOGA、MODE 和 SA-MODE 分别需要评估 25 050(50 + 50 × 500)、15 030(30 + 60 × 250) 和 7 112 次。在这种情况下，与 PMOGA 和 MODE 算法相比，SA-MODE 分别降低了约 72% 和 53%。

表6.1 描述了通过 SA-MODE 求解得到的帕累托曲线的选择点(极值)。

表 6.1　用 SA-MODE 求解工字梁问题得到的点

x_1/cm	x_2/cm	x_3/cm	x_4/cm	f_1/cm^2	f_2/cm
66.374	34.121	0.922	1.082	133.106	0.051
79.086	49.805	4.998	4.970	840.713	0.061 0

图6.3 和图6.4 表示了使用 SA-MODE 进化过程中的收敛速度、种群大小和 DE 参数的演变。

在图6.3 中，我们可以观察到，对于第一个 K 次迭代，SA-MODE 保持收敛速度为零，以允许种群的探索能力，并且算法收敛到帕累托曲线，即曲线下的面积迅速变为常数，如图中 K 次迭代后所示。在这种情况下，随着面积趋于常数，收敛速度趋于1，种群大小趋于最小值。在优化环境中，总体规模的减少代表了目标函数评估数量的减少。如前文所述，DE 参数同时依赖于进化过程和种群大小，反之亦然。因此，当 F 和 CR 使用所提出的方法动态更新时(图6.4)，总体也会更新，反之亦然。此外，F 和 CR 在进化过程中假设值属于第4 章定义的域，从而增加了问题找到解决方案的可能性，促进了种群多样性。需要强调的是，使用个体数量较少的总体并不保证收敛和多样性过程的成功，正如前面在第4 章对 ZDT1 函数所讨论的那样。

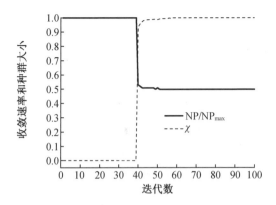

图 6.3　工字梁的收敛率和种群大小

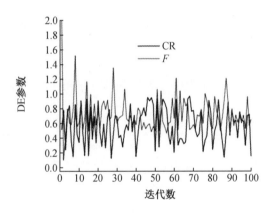

图 6.4　工字梁的 DE 参数演变

　　总之,使用 SA-MODE 获得的结果与其他进化算法获得的结果进行了比较,表明自适应过程能够减少目标函数评估的次数,而不会损失解的质量。

6.2　焊接梁

　　该问题由一个受作用 F 的梁构成,该力 F 将焊接到另一个满足稳定性条件和设计限制的结构构件上[1-3]。四个设计变量,即焊缝厚度(h)、焊缝长度(l)、梁宽度(t)和梁厚度(b),如图 6.5 所示[1-3]。

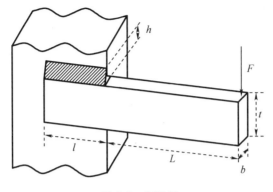

图 6.5　焊接梁

　　需要最小化的两个相互冲突的目标函数是梁的成本(f_1)和梁自由端的位移(f_2)。

$$\min f_1 \equiv 1.104\ 71h^2 l + 0.048\ 11tb(L+l) \tag{6.7}$$

$$\min f_2 \equiv \frac{4FL^3}{t^3 bE} \tag{6.8}$$

受以下限制：

$$\tau - \tau_{\max} \leqslant 0 \tag{6.9}$$

$$\sigma - \sigma_{\max} \leqslant 0 \tag{6.10}$$

$$F - P_c \leqslant 0 \tag{6.11}$$

$$\frac{4FL^3}{t^3 bE} - u_{\max} \leqslant 0 \tag{6.12}$$

$$h - b \leqslant 0 ; 0.125 \leqslant h ; b \leqslant 5 ; l \geqslant 0.1 ; t \leqslant 10 \tag{6.13}$$

　　前两个约束可确保沿梁支架形成的剪应力和法向应力分别小于材料的容许剪应力($\tau_{\max}$)和法向应力($\sigma_{\max}$)。第三个约束是保证梁端的阻力（沿 t 方向）大于施加的荷载 F。第四个约束是梁端位移的最大限制($\mu_{\max}$)。最后，第五个约束是保证梁的厚度不小于焊缝的厚度。式(6.9)～式(6.11)的应力和条件如下所示：

$$\tau = \sqrt{\tau_1^2 + \tau_2^2 + \frac{l\tau_1\tau_2}{\sqrt{0.25[l^2 + (h+t)^2]}}} \tag{6.14}$$

$$\tau_1 = \frac{6\ 000}{\sqrt{2}\,hl} \tag{6.15}$$

$$\tau_2 = \frac{6\ 000(14 + 0.5l)\sqrt{0.25[l^2 + (h+t)^2]}}{2\left\{0.707hl\left[\dfrac{l^2}{12} + 0.25(h+t)^2\right]\right\}} \tag{6.16}$$

$$\sigma = \frac{504\ 000}{t^2 b} \tag{6.17}$$

$$P_c = 64\ 746.022(1 - 0.028\ 234\ 6t)tb^3 \tag{6.18}$$

该问题采用的数据如下[1-3]：$F = 6\ 000\ lb$、$\tau_{max} = 13\ 600\ psi$、$E = 30 \times 10^6$ psi，$\sigma_{max} = 30\ 000\ psi$、$G = 12 \times 10^6\ psi$、$\mu_{max} = 0.25\ in$①、$L = 14\ in$。如先前的举例，Castro[1]采用PMOGA算法解决了该问题，考虑以下参数：种群大小(50)、迭代次数(500)、交叉概率(0.85)和突变概率(0.05)。MODE算法[2]考虑的参数为：种群大小(50)、迭代次数(250)、交叉概率(0.85)、突变概率(0.5)、伪曲线数(10)和缩减率(0.9)。对于SA-MODE，考虑以下参数：最小种群大小(50)和最大种群大小(100)、迭代次数(100)、K参数(40%)。对于每个目标函数[1]，考虑的惩罚参数分别为100和0.1[1]。

由PMOGA、MODE和SA-MODE获得的帕累托曲线如图6.6所示。从图中可以看出，与PMOGA和MODE获得的结果相比，SA-MODE获得的结果具有良好的收敛性和多样性。

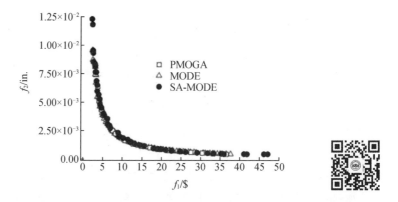

图6.6　焊接梁问题的帕累托曲线

表6.2显示了使用SA-MODE解决焊接梁问题的一些选定点(帕累托曲线的极值点)。

---

① 1 in = 2.54 cm。

表 6.2　用 SA-MODE 求解焊接梁问题得到的点

h /in	l /in	t /in	b /in	f_1 /美元	f_2 /in
2.635	1.356	9.992	4.980	47.171	4.417×10^4
0.375	3.224	9.060	0.240	2.303	1.229×10^2

在目标函数评估次数方面,PMOGA、MODE 和 SA-MODE 分别需要评估 100 200(200 + 200 × 500)、25 050(50 + 100 × 250) 和 7 744 次。在这种情况下,与 PMOGA 和 MODE 相比,SA-MODE 分别减少了约 93% 和 69% 的评估。

图 6.7 和图 6.8 展示了演化过程中的收敛速度、种群大小以及 DE 参数的演化。

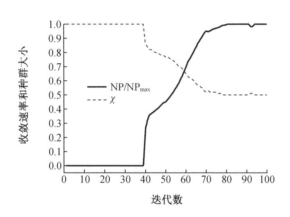

图 6.7　焊接梁的收敛速度和群体大小

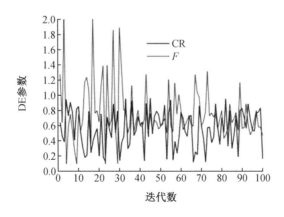

图 6.8　焊接梁 DE 参数的演化

正如第一个测试案例所提到的,在图 6.7 中可以观察到,经过 K 次迭代后,收敛速度增大并趋于 1。因此,种群大小减小到最小值,减少了解决该问题所需的目标函数评估的数量。从图 6.8 可以看出,每个群的 DE 参数都是根据演化过程产生的信息进行动态更新的。

综上所述,与 PMOGA 和 MODE 相比,在目标函数评估次数上 SA-MODE 具有更优越的性能;但是,是在不失去解决方案质量的情况下。

6.3　不锈钢的可加工性

该工程问题由 Ramos 等[4]研究,并由 Lobato 等[5]推广到多目标环境。在考虑 AISI（ABNT）420 不锈钢的可加工性时,目标包括刀具寿命的最大化和切削力的最小化。在物理环境中,将切削速度、每齿进给量和轴向切削深度作为输入数据。这些参数对应的值可以不同。分析的响应如下:刀具寿命和切削力,这是通过测量 Ramos 等[4]使用的链条电机电流与切削速度之间的关系间接得到的,如图 6.9 所示。

图 6.9　输入因子与观察到的输出响应之间的关系（改编自 Ramos 等[4]）

在数学上,这一过程可以通过使用从表面响应构建的元模型来描述。独立变量（切削速度——x_1、进给齿——x_2、切削深度——x_3）和因变量（刀具寿命——Y_1、切削力——Y_2）之间通常采用多项式近似,如下式所示:

$$Y = \beta_0 + \sum_{i=1}^{k} \beta_i x_i + \sum_{i=1}^{k} \beta_{ii} x_i^2 + \sum_{i=1}^{k-1} \sum_{j\geqslant 1}^{k} \beta_{ij} x_i x_j + \varepsilon \qquad (6.19)$$

其中,β_0,β_1,$\cdots$,β_k 和 β_{ij} 为未知参数,ε 为系统误差。

为了获得这些参数,Ramos 等[4]进行了一组评估自变量对因变量影响的实验。在这种情况下,Lobato 等[5]确定,通过使用表面响应的二阶数学模型（central composite design, CCD）进行实验规划,得到了与切削力和刀具寿命有关的切削速度、每齿进给量和轴向切削深度的函数。

表6.3显示了每个响应Y_i的评估系数。

为了评价提出的解决该问题的方法,SA-MODE考虑以下参数:最小种群大小(25)和最大种群大小(50)、迭代次数(50)、K参数(40%)。为了比较所提出的方法得到的结果,考虑了三种生物启发优化方法(BiOM)。BiOM使用的参数如下:多目标优化蜂群(MOBC)——侦查蜂的数量(25)、招募到最佳e站点的蜜蜂数量(10)、招募到其他点的蜜蜂数量(5)、选择进迭代次数(500)、交叉概率(0.85)和突变概率(0.05)。MODE算法[2]考虑的参数是:种群大小(50)、迭代次数(250)、交叉概率(0.85)、突变概率(0.5)、伪曲线数(10)和缩减率(0.9)。对于SA-MODE,考虑以下参数:最小种群大小(50)和最大种群大小(100)、迭代次数(100)、K参数(40%)。对于每个目标函数[1],考虑的惩罚参数分别为100和0.1[1]。

表6.3　不锈钢的可加工性问题的每个响应 Yi 的估计系数(p 为置信水平,R2 为决定系数)

	Y_1/cm	p	Y_2/(A/m/min)$\times 10^{-2}$	p
β_0	346.75	0.000 483	3.854 89	0.000 000
β_1	1 462.48	0.000 000	1.336 36	0.000 006
β_{11}	727.28	0.000 050	0.012 41	0.939 445
β_2	136.85	0.107 030	0.405 32	0.013 728
β_{22}	29.93	0.754 874	0.147 22	0.379 810
β_3	848.14	0.000 004	1.578 34	0.000 002
β_{33}	630.20	0.000 137	0.425 37	0.027 677
β_{12}	26.33	0.782 596	0.064 25	0.694 474
β_{13}	640.53	0.000 119	0.224 25	0.192 944
β_{23}	96.53	0.325 948	0.284 75	0.108 706
R^2	0.988 1	——	0.972 20	——

表6.4　不锈钢的可加工性问题的帕累托曲线上的点

		x_1	x_2	x_3	Y_1/cm	Y_2/(A/m/min)$\times 10^{-2}$
MOBC	A	1.40	0.25	1.37	602.67	2.46
	B	1.40	1.38	1.40	4002.59	3.98

表 6.4(续)

		x_1	x_2	x_3	Y_1/cm	$Y_2/(\text{A/m/min}) \times 10^{-2}$
MOFC	C	1.40	0.24	1.37	602.79	2.44
	D	1.40	1.38	1.40	4002.01	3.99
MOFS	E	1.40	0.24	1.37	603.02	2.47
	F	1.40	1.39	1.40	4001.99	3.97
SA-MODE	G	1.41	0.35	1.41	633.46	2.45
	H	1.41	0.28	1.41	3 974.86	3.88

图 6.10 是考虑不同策略得到的帕累托曲线。在该图中,与 BiOM 相比,SA-MODE 得到的结果具有较好的收敛性和多样性,如表 6.4 所示。该表分别给出了切削力最小化的最佳点(点 A——MOBC,点 C——MOFC,点 E——MOFS,点 G——SA-MODE,见图 6.10)和刀具寿命最大化的最佳点(点 B——MOBC,点 D——MOFC,点 F——MOFS,点 H——SA-MODE,如图 6.10 所示)。

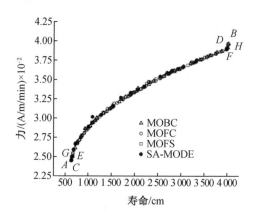

图 6.10 不锈钢可加工性问题的帕累托曲线

在目标函数评估次数方面,BiOM(所有策略)和 SA-MODE 分别需要评估 2 550(50 + 50 × 50)和 1 825 次。在这种情况下,与所有 BiOM 技术相比,SA-MODE 评估量减少了约 28%。

图 6.11 和 6.12 展示了使用 SA-MODE 的收敛速度、种群大小和 DE 参数的演化。从图 6.11 可以看出,在 K 次迭代后本文算法实际上收敛于解析的帕累托曲线。收敛速度迅速趋近于 1(最后 K 次迭代中曲线下的平均面积实际上是

恒定的）。在这种情况下,由于当前测试用例的简单性,种群大小很快就假定为它的最小值。从图6.12可以看出,F和CR考虑了演化过程中的信息进行了动态更新。

在这个试验案例中,通过一个根据切削速度、每齿进给量和轴向切削深度预测刀具寿命和切削力响应的模型来研究了 AISI(ABNT) 420 不锈钢的可加工性,研究了材料去除率和切削力结合面的交叉信息对切削响应的影响。与BiOM 的结果进行比较, 发现 SA-MODE 结果所实现的自适应程序在目标函数评价次数方面优于 BiOM。

Ramos 等[4]和 Lobato 等[5]对所采用的实验程序进行了完整的描述,该应用中考虑的生物群系算法的详细信息可参考 Lobato 等[5]的研究。

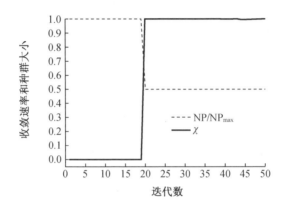

图 6.11 不锈钢可加工性问题的收敛速度和种群大小

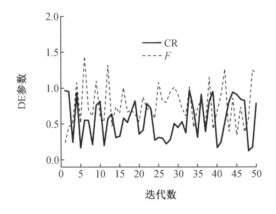

图 6.12 不锈钢可加工性问题的 DE 参数演化

6.4　水力旋流器性能优化

水力旋流器是一种用于固液和液液离心分离的基本由圆柱形部分与锥形部分相结合的装置(图6.13),在化工领域具有广泛的应用[6]。

在优化环境中,每个零件的几何尺寸与设备的容量和分级能力有关,是分离过程的重要方面。为此,Silva 等[6]提出了一个优化问题,该问题包括通过最大化总体效率(E_T)和最小化底流吞吐量比(R_L),确定用于分离磷矿和水的水力旋流器的几何尺寸,同时考虑到限制欧拉数(Eu)和 R_L 的两个约束条件。在数学上,考虑的模型由与实验数据拟合的经验相关性表示,以预测 E_T、Eu 和 R_L 作为几何变量的函数(以编码单位)。每个响应的拟合方程用矩阵表示。E_T、Eu 和 R_L 分别为式(6.20)、(6.24)和(6.27)。

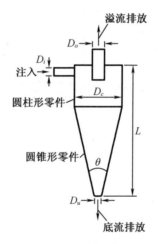

图 6.13　水力旋流器示意图(来源于 Silva 等[6])

(1)总效率:

$$E_T = 63.07 + X^{\mathrm{T}} b_1 + X^{\mathrm{T}} B_1 X \tag{6.20}$$

式中

$$b_1 = \begin{pmatrix} 2.16 \\ -3.95 \\ -0.26 \\ -2.53 \end{pmatrix} \tag{6.21}$$

$$B_1 = \begin{pmatrix} -0.88 & 0.20 & -1.20 & 0.15 \\ 0.20 & 3.27 & 0.01 & -0.19 \\ -1.20 & 0.01 & -3.95 & -0.21 \\ 0.15 & -0.19 & -0.21 & -0.38 \end{pmatrix} \tag{6.22}$$

$$X = \begin{pmatrix} X_1 \\ X_2 \\ X_3 \\ X_4 \end{pmatrix} \tag{6.23}$$

（2）欧拉数

$$Eu = 1\,909 + X^{\mathrm{T}} b_2 + X^{\mathrm{T}} B_2 X \tag{6.24}$$

式中

$$b_2 = \begin{pmatrix} -1\,186 \\ -342 \\ -267 \\ -136 \end{pmatrix} \tag{6.25}$$

$$B_2 = \begin{pmatrix} 596 & 29 & -4 & -5.5 \\ 29 & 82 & 26 & -6 \\ -4 & 26 & 15 & 34 \\ -5.5 & -6 & 34 & -19 \end{pmatrix} \tag{6.26}$$

（3）下溢流量比

$$R_L = 17.81 + X^{\mathrm{T}} b_3 + X^{\mathrm{T}} B_3 X \tag{6.27}$$

式中

$$b_3 = \begin{pmatrix} 0.66 \\ -0.85 \\ 1.70 \\ 0.13 \end{pmatrix} \tag{6.28}$$

115

$$B_3 = \begin{pmatrix} 0.11 & -0.04 & -0.21 & 0.16 \\ -0.04 & 3.82 & 0.37 & 0.14 \\ -0.21 & 0.37 & 0.31 & -0.20 \\ 0.16 & 0.14 & -0.20 & 0.66 \end{pmatrix} \tag{6.29}$$

X_1是圆柱形截面直径与进料直径(D_i/D_c)之间的关系,X_2代表溢流直径(D_o/D_c),X_3是水力旋流器的长度(L/D_c),X_4是锥角(θ)。假设所有水力旋流器具有相同的圆筒直径(D_c)。

为解决优化问题 Silva 等[6]使用 MOFC,考虑以下参数:种群大小(100 只萤火虫)、吸引力因子(0.9)、规则插入参数(0.9)和迭代次数(500)。将使用 SA-MODE 来对比使用 MOFC 获得的结果,考虑以下参数:最小种群大小(50)和最大种群大小(100)、迭代次数(500)和 K 参数(40%)。设计变量采用的范围为:$0.13 \leqslant X_1 \leqslant 0.29$、$0.19 \leqslant X_2 \leqslant 0.35$、$3.9 \leqslant X_3 \leqslant 7.6$、$9° \leqslant X_4 \leqslant 20°$[6]。

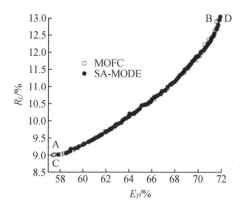

图 6.14　水力旋流器性能优化问题的帕累托曲线

表 6.5　MOFC 和 SA-MODE 得出水力旋流器性能优化的点

		X_1	X_2	X_3	X_4	$E_T/\%$	$R_L/\%$	Eu
MOFC	A	0.277	1.453	1.660	1.263	57.854	9.015	1 997.146
	B	1.660	1.660	0.449	1.660	71.960	13.398	1 778.079
SA-MODE	C	0.311	1.275	1.633	1.289	57.437	9.001	1 999.563
	D	1.606	1.654	0.488	1.652	71.862	13.243	1 741.809

图 6.14 给出了 MOFC 和 SA-MODE 以总体效率最大化和下溢流量比最小

化为目标函数得到的帕累托曲线。在该测试案例中,由于工业限制,Eu 被认为小于 2 000,R_L 小于 20。

总的来说,根据 MOFC 获得的结果,可以看出所提出的方法能够从物理角度得到令人满意的结果。此外,混合水力旋流器的设计不同于传统的旋流器。表 6.5 给出了图 6.14 中选取的一些点。

在目标函数评估次数方面,MOFC 和 SA-MODE 分别需要评估 50 100（100 + 100 × 500）和 14 150 次。在这种情况下,与 MOFC 相比,SA-MODE 减少了约 72% 的评估。

图 6.15 和 6.16 给出了在演化过程中使用 SA-MODE 的收敛速度、种群大小以及 DE 参数的演化。

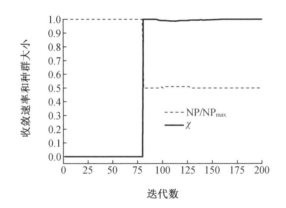

图 6.15　水力旋流器性能优化问题的收敛速度和种群大小

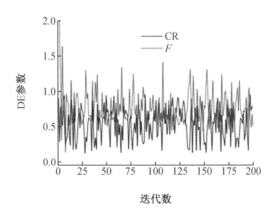

图 6.16　水力旋流器性能优化问题的 DE 参数演化

在图 6.15 中,可以看到 SA-MODE 快速收敛于帕累托曲线,收敛速率值趋于 1 也证明了这一点。经过 K 次迭代后,由于收敛速度接近于 1 和种群大小取其最小值,从而减少了对目标函数的评估次数。DE 参数在演化过程中利用过程动力学和种群大小的信息进行动态更新,如图 6.16 所示。

该应用程序的更多细节可以参考 Silva 等[6] 的研究。

6.5　烷基化过程优化

烷基化是石油炼制过程中的一个重要过程,其产品用于与炼制产品混合,如汽油、航空燃料等[7]。在该过程中,一种轻烯烃,如丙烯(丁烷或戊烯),在强硫酸催化剂下与异丁烷反应,生成烷基化产物(由丁烯和异丁烷生成 2,2,4 三甲基戊烷))。图 6.17 为简化的烷基化过程流程图[7]。

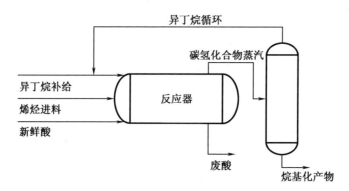

图 6.17　烷基化过程的简化示意图(改编自 Rangaiah[7])

在此过程中,在反应器中加入新鲜酸、烯烃进料、异丁烯补料和异丁烷回收料,催化反应,回收废酸。烯烃与异丁烷在室温附近发生放热反应,使用过量的异丁烷。反应器的烃出口流进入分馏塔,从分馏塔顶部回收异丁烷,再循环回反应器,从底部回收烷基化产物[7, 8]。

在优化的背景下,各种研究都将这一过程作为单目标问题研究[8, 10],也将其作为多目标问题研究[7, 11, 12]。在本应用中,考虑的目标是利润最大化和辛烷值最大化,如 Seider 等[10] 和 Rangaiah[7] 提出的。在数学上,利润的定义为[7]

$$0.63x_4x_7 - 5.04x_1 - 0.035x_2 - 10x_3 - 3.36x_5 \tag{6.30}$$

优化问题受以下约束：

$$0 \leqslant (x_4 \equiv x_1(1.12 + 0.131\ 67x_8 - 0.006\ 667x_8^2)) \leqslant 5\ 000 \tag{6.31}$$

$$0 \leqslant (x_5 \equiv 1.22x_4 - x_1) \leqslant 2\ 000 \tag{6.32}$$

$$0 \leqslant (x_2 \equiv x_1x_8 - x_5) \leqslant 16\ 000 \tag{6.33}$$

$$85 \leqslant (x_6 \equiv 89 + [x_7 - (86.35 + 1.098x_8 - 0.038x_2^8)]/0.325) \leqslant 93 \tag{6.34}$$

$$145 \leqslant (x_{10} \equiv -133 + 3x_7) \leqslant 162 \tag{6.35}$$

$$10.2 \leqslant (x_9 \equiv 35.82 - 0.222x_{10}) \leqslant 4 \tag{6.36}$$

$$0 \leqslant [x_3 \equiv 0.001(x_4x_6x_9)/(98 - x_6)] \leqslant 120 \tag{6.37}$$

$$0 \leqslant x_1 \leqslant 2\ 000 \tag{6.38}$$

$$90 \leqslant x_7 \leqslant 95 \tag{6.39}$$

$$3 \leqslant x_8 \leqslant 12 \tag{6.40}$$

式中，x_1为烯烃进料（桶/天）、x_2为异丁烷循环（桶/天）、x_3为酸添加速率（千磅①/天）、x_4为烷基化剂生产速率（桶/天）、x_5为异丁烷进料（桶/天）、x_6为废酸强度（重量百分比）、x_7为辛烷值、x_8为异丁烷与烯烃之比、x_9为酸稀释系数、x_{10}为 F－4（如性能数）。

为了评估 SA-MODE 的性能，MOFC 和 NSGA Ⅱ用作比较对象。MOFC 使用的参数[12]为：种群大小（50）、迭代次数（200）、最大吸引力值（0.9）、吸收系数为（0.9）。NSGA Ⅱ使用的参数[12]是：种群大小（50）、迭代次数（100）、交叉概率（0.8）、突变概率（0.01）。SA-MODE 采用的参数是：最小种群大小（25）和最大种群大小（50）、迭代次数（100）、K参数（40%）。考虑到约束条件，惩罚参数为 1 000，停止标准是最大迭代次数。

图 6.18 给出了 NSGA Ⅱ、MOFC 和 SA-MODE 得到的帕累托曲线。从图中可以看出，与 NSGA Ⅱ和 MOFC 相比，SA-MODE 得到的结果具有较好的收敛性和多样性。利润从 1 069.770 美元/天增加到 1 161.442 美元/天伴随着 x_7从 94.999 减少到 94.184。因此，这两个目标是矛盾的，导致最优帕累托曲线如图 6.18 所示。

在目标函数评价次数方面，NSGA Ⅱ、MOFC 和 SA-MODE 分别需要 10 050（50＋50×200）、10 050（50＋100×100）和 4 020 次评价。在这种情况下，与 NSGA Ⅱ和 MOFC 相比，SA-MODE 的评估分别降低了约 60%。

表 6.6 显示了通过 SA-MODE 对烷基化过程问题求解得到的帕累托曲线的选择点（极值）。

---

① 1 磅（lb）≈0.454 千克（kg）。

图 6.19 和 6.20 给出了 SA-MODE 在演化过程中所需的收敛速度、种群大小和 DE 参数。

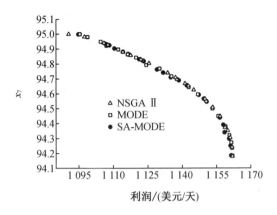

图 6.18　烷基化过程问题的帕累托曲线

表 6.6　SA-MODE 求解烷基化过程问题

x_1/(桶/天)	x_7	x_8	f_1/(美元/天)	f_2
1 727.559	94.184	10.413	1 161.422	94.184
1 663.375	94.999	10.548	1 069.770	94.999

在图 6.19 中,与第一个测试用例观察到的不同,经过 K 次迭代后收敛速度接近于 1。伴随着总体规模的减少,因此目标函数评估次数也在减少。此外,如图 6.20 所示 DE 参数也根据种群大小的更新和演化过程的信息进行更新。

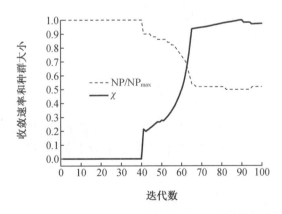

图 6.19　烷基化过程问题的收敛速度和种群大小

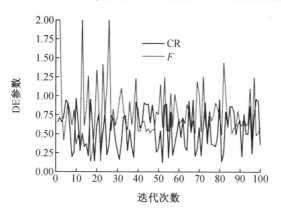

图 6.20　烷基化过程 DE 参数的演化

关于该应用程序的更多细节可以参考 Rangaiah[7]、Lobato 和 Steffen[12] 的研究。

6.6　间歇式搅拌斧式反应器(生化)

Ghose 和 Gosh[13]、Rangaiah[7]、Lobato 和 Steffen[12] 的研究考虑了在间歇式搅拌斧式反应器中,由微生物卵圆假单胞菌发酵葡萄糖生成葡萄糖酸的生产过程中,葡萄糖酸的总体产率和最终浓度的最大化。整体生化反应可以表示为

细胞 + 葡萄糖 + 氧气→更多细胞

葡萄糖 + 氧气→葡萄糖酸内酯

葡萄糖酸内酯 + 水→葡萄糖酸

在数学上,该过程可以用细胞(X)、葡萄糖酸(P)、葡萄糖内酯(l)、葡萄糖底物(S)和溶解氧(C)的浓度来建模[13]:

$$\frac{\mathrm{d}X}{\mathrm{d}t} = \mu m \frac{SC}{k_s C + k_0 S + SC} X \tag{6.41}$$

$$\frac{\mathrm{d}P}{\mathrm{d}t} = k_p l \tag{6.42}$$

121

表 6.7　模拟葡萄糖酸生产的参数值

参数	值	量纲
μ_m	0.39	h^{-1}
k_S	2.50	g/L
k_0	0.000 55	g/L
k_P	0.645	h^{-1}
v_l	8.30	mg/UODh
k_l	12.80	g/L
Ys	0.375	UOD/mg
Y_0	0.890	UOD/mg
C_1	0.006 85	g/L

$$\frac{\mathrm{d}l}{\mathrm{d}t} = v_l \frac{S}{k_l + S} X - 0.9 k_P l \tag{6.43}$$

$$\frac{\mathrm{d}S}{\mathrm{d}t} = -\frac{1}{Y_0} \mu m \frac{SC}{k_S C + k_0 S + SC} X - 1.011 v_l \frac{S}{k_l + S} X \tag{6.44}$$

$$\frac{\mathrm{d}C}{\mathrm{d}t} = K_L a(C_1 - C) - \frac{1}{Y_0} \mu_m \frac{SC}{k_S C + k_0 S + SC} X - 0.09 v_l \frac{S}{k_l + S} X \tag{6.45}$$

初始条件 $X(0) = X_0$、$P(0) = 0$、$l(0) = 0$、$S(0) = S_0$、$C(0) = C_1$,符号和常量的定义详见表 6.7[7, 14]。

如前文所述,本应用中考虑的目标是最大限度地提高葡萄糖酸的总生产率,其定义为批次持续时间内最终葡萄糖酸浓度($P(t_f)/t_f$)的比率,以及最大限度地提高最终葡萄糖酸浓度($P(t_f)$)[7]。这四个决策变量是分批发酵的持续时间(t_f) $\in [20 - 50 \text{ g/L}]$,初始底物浓度($S_0$) $\in [20 - 50 \text{ g/L}]$,总氧传质系数($K_{La}$) $\in [50 - 300 \text{ h}^{-1}]$,以及初始生物量浓度($X_0$) $\in [0.05 - 1.0 \text{ UOD/mL}]$。解决优化问题的计算方案首先包括定义目标函数、约束、设计变量、参数和方法。对于目标函数的每次评估,使用 Runge-Kutta 方法五阶(RK5th)求解常微分方程组(仿真模型)。

为了解决该问题,我们采用了以下算法:SA-MODE、MOFC 和 NSGA Ⅱ。MOFC[12]使用的参数是:种群大小(50)、迭代次数(100)、最大吸引力值(0.9)和吸收系数(0.9)。NSGA Ⅱ[12]使用的参数是:种群大小(50)、迭代次数(200)、交叉概率(0.8)和突变概率(0.01)。SA-MODE 采用了以下参数:最小种群大小(25)和最大种群大小(50)、迭代次数(100)、K 参数(40%)。$P(t_f)$ 是

（最大）迭代次数。

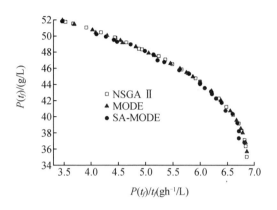

图 6.21　间歇式搅拌斧式反应器的帕累托曲线

表 6.8　SA-MODE 求解间歇式搅拌斧式反应器问题得到的点

t_f/h	S_0/（g/L）	K_{La}/h^{-1}	X_0/（UOD/mL）	P/t_f/（gh^{-1}/L）	P/（g/L）
14.968	49.970	60.008	0.983	3.462	51.832
5.401	49.894	298.275	0.994	6.816	36.816

图 6.21 给出了 MOFC、NSGA Ⅱ 和 SA-MODE 得到的帕累托曲线。图中考虑到使用的三种演化策略，重要的是观察一个很好的折中方案找到两个目标函数。如图 6.21 所示和 Rangaiah[7] 提到，目标函数是相互冲突的，如由于需要更长的分批发酵时间，通过增加葡萄糖酸的总产量会导致较低的生产率。

在目标函数评估次数方面，SA-MODE 需要 3 550 次评价，相对于 NSGA Ⅱ（10 050，即 50 + 50 × 200）和 MOFC（10 050，即 50 + 100 × 100）减少了约 67%。

表 6.8 给出了通过 SA-MODE 间歇式搅拌釜式反应器问题求解得到的帕累托曲线的选择点（极值）。由表可知，初始底物浓度约在 50 g/L，整体氧传质系数从 60 增加到 300 h^{-1}，初始生物量浓度约在 0.990 UOD/mL。

图 6.22 和 6.23 给出了考虑 SA-MODE 的该应用程序的收敛速度、种群大小和 DE 参数。

如图 6.22 所示，经过 K 次迭代后，收敛速度近似等于 1，使得种群大小趋于最小值，促进了目标函数评价次数的减少。此外，在图 6.23 中可以观察到演化过程中 DE 参数的演化。

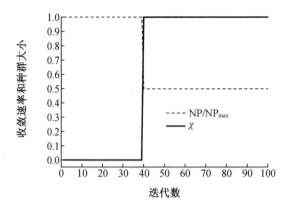

图 6.22   间歇式搅拌釜式反应器问题的收敛速度和种群大小

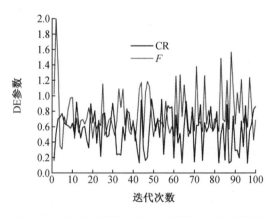

图 6.23   间歇式搅拌釜式反应器的 DE 参数演化

该应用程序的更多细节可以参考 Rangaiah[7]、Lobato 和 Steffen[12] 的研究。

6.7   催化剂混合

下面以化工中一个经典的最优控制问题为例来评价优化算法的性能,该问题考虑了固定长度的稳态塞流反应器,其中装有两种催化剂,涉及可逆和不可逆反应($S_1 \leftrightarrow S_2 \leftrightarrow S_3$)[15]。

数学上,该问题可以表述为[15, 16]

$$\frac{\mathrm{d}x_1}{\mathrm{d}t} = -u(x_1 - 10x_2) \quad x_1(0) = 1 \tag{6.46}$$

$$\frac{\mathrm{d}x_2}{\mathrm{d}t} = u(x_1 - 10x_2) - (1 - u)x_2 \quad x_2(0) = 0 \tag{6.47}$$

其中,t 表示物质从进入反应器的瞬间起的停留时间,x_1 和 x_2 分别为 S_1 和 S_2 的浓度。催化剂混合分数 $u(0 \leqslant u \leqslant 1)$ 是由催化反应 $S_1 \leftrightarrow S_2$ 的物质形成的催化剂分数,代表控制变量。基本上,主要目标函数是确定两种催化剂的最佳混合策略,以最大限度地提高物种 S_3 的产量(单目标问题中提出的原始目标函数)。Gun 和 Thomas[15] 是第一个提出并解决该问题的作者,该问题的微分指数等于 3。最近,许多作者提出了不同的方法来解决该经典的最优控制问题。Logsdon[17] 通过在有限元上使用正交配置来解决该问题。Vassiliadis[18] 还通过使用控制参数化技术解决了该问题。Lobato[19] 提出了一种混合方法(与 PMP 方法相关的直接优化方法),以获得控制变量的最优轮廓。Lobato 和 Steffen[20] 提出了一种方法,包括与多粒子碰撞算法(multi-Particle collision algorithm,MPCA)相关的控制参数化。Souza 等[21] 在稳健优化的背景下使用了与模式相关的控制参数化技术来解决该问题。

在本节中,考虑由 Logist 等[16] 定义的多目标问题,目的是使物种 $S_3(f_1)$ 的产量最大化和最昂贵催化剂的用量最小化,即添加催化剂 1 作为目标函数(f_2),分别给定为

$$\max f_1 \equiv [1 - x_1(1) - x_2(1)] \tag{6.48}$$

$$\min f_2 \equiv \int_0^1 u\mathrm{d}t \tag{6.49}$$

为了评估所提出的方法得到的结果,NSGA Ⅱ 和 MODE 算法被用于比较目的。NSGA Ⅱ 参数的参数是:种群大小(50),迭代次数(250),交叉概率(0.9),突变概率(0.02),二进制竞赛作为选择策略。MODE 的参数是:种群大小(50),迭代次数(200),交叉概率(0.9),扰动率(0.9),伪曲线数(10),减少率(0.9)。SA-MODE 采用的参数是:最小种群大小(25)和最大种群大小(50)、迭代次数(150)和 K 参数(40%)。

为了确定控制变量,即催化剂混合分数(u),使用三个恒定等间距的控制元件对该变量进行离散。在这种情况下,催化剂混合问题呈现五个设计变量:三个控制(u_1、u_2 和 u_3)和两个离散时间(t_{s1} 和 t_{s2})。为了解决仿真问题,使用了五阶 Runge-Kutta 方法。使用的停止标准是(最大)迭代次数。考虑到提出的参数,模式和 NSGA Ⅱ 分别需要 20 050(50 + 100 × 200)和 12 550(50 + 50 × 250)

个目标函数评估。

图 6.24 显示了催化剂混合问题的帕累托曲线。

表 6.9 显示了通过 SA-MODE 算法(图 6.24)对催化剂混合问题求解得到的选择点(帕累托曲线的极值点)。

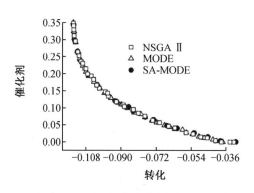

图 6.24　催化剂混合问题的帕累托曲线

表 6.9　SA-MODE 求解催化剂混合问题得到的点

t_{s1}	t_{s2}	u_1	u_2	u_3	f_1	f_2
0.398	0.999	0.545	0.209	0.180	0.114	0.343
0.026	0.997	0.002	0.000	0.137	0.030	0.000

正如 Logist 等[16]和 Souza 等[21]所观察到的那样,存在着一种明确而持续的权衡。当关注转换时,最优控制由最大奇异最小结构组成。然而,控制变量(A 点和 B 点)如图 6.25 所示,在多目标环境中会获得了两个阶段。

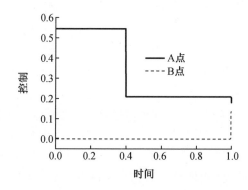

图 6.25　考虑 A 点和 B 点催化剂混合问题的控制剖面

关于目标函数评估次数,SA-MODE 需要 5 310 次评估,与 NSGA Ⅱ 和 MODE 相比,分别减少了约 58% 和 73%。

进化过程中的收敛速度和种群大小如图 6.26 所示。在该图中,可以观察到收敛速度接近最大值,因此,种群大小趋于最小,进而减少了目标函数评估的数量。

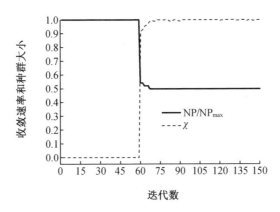

图 6.26　催化剂混合问题的收敛速度和种群大小

图 6.27 显示了 DE 参数的演变,考虑了有关进化过程和种群大小的信息。

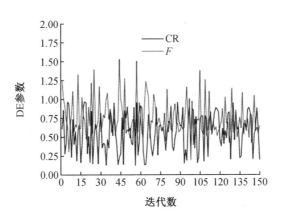

图 6.27　催化剂混合问题 DE 参数的演化

该应用程序数学建模的更多详细信息,请参考 Gun 和 Thomas[15]、Gist 等[16]、Souza 等[21]的研究。

6.8 结晶过程

结晶过程在化学工程中被配置为重要的单元操作,具有大量的实际应用。该工艺的主要目的是获得高纯度的颗粒材料。正如 McCabe 等[22]、Myerson[23]、Jones[24] 所提到的,晶体材料的例子包括大宗化学品和精细化学品及其中间体,如食盐、碳酸钠、沸石催化剂和吸附剂、陶瓷和聚酯前体、洗涤剂、化肥、食品、药品和颜料。

在数学上,这一过程由一个积分 - 微分方程来建模,该方程表示晶体的密度、质量和能量平衡,与代表平衡饱和浓度变化的结构方程相关联。正如 Rawlings 等[25, 26] 和 Shi 等[27] 所提到的,在此过程中导管套温度分布的确定对于最大化晶体平均尺寸非常重要。在本节中,提出了一个多目标优化问题,即通过最小化晶体生长速率和最大化晶体平均尺寸来确定夹套温度分布。为此,我们考虑了 Rawlings 等[25] 提出的代表硫酸钾种子间歇结晶器的模型,并由 Rawlings 等[26]、Shi 等[27]、Paengjuntuek 等[28] 和 Gamez-Garcia 等[29] 研究。

$$\frac{dC}{dt} = -3\rho_c k_v G(t) \int_0^\infty n(L,t) L^2 dL, \quad C(0) = 0.174\ 3 \tag{6.50}$$

$$\frac{dT}{dt} = -3\rho_c k_v \frac{\Delta H_c}{C_p} G(t) \int_0^\infty n(L,t) L^2 dL - \frac{UA_c}{MC_p}(T - T_j), \quad T(0) = 50 \tag{6.51}$$

$$\frac{\partial n}{\partial t} + G \frac{\partial(n)}{\partial L} = 0 \tag{6.52}$$

$$n(0,t) = \frac{B}{G} \tag{6.53}$$

$$n(L,0) = \begin{cases} 0.003\ 2(300-L)(L-250) & \text{如果 } 250\ um \leqslant L \leqslant 300\ um \\ 0 & \text{相反} \end{cases} \tag{6.54}$$

$$C_{min} \leqslant C \leqslant C_{max} \tag{6.55}$$

$$B = k_b \exp(-E_b/RT) \left(\frac{C-C_s}{C_s}\right) \int_0^\infty L^3 n(L,t) dL \tag{6.56}$$

$$G = k_g \exp(-E_g/RT) \left(\frac{C-C_s}{C_s}\right)^g \tag{6.57}$$

式中,C 为结晶器浓度,T 为结晶器温度,T_j 为夹套温度,N 为晶体尺寸分布的演化,T 为操作时间,L 为特征尺寸,B 为晶体成核速率,G 为晶体生长速率,E_b 和 E_g 分别为成核活化能和生长活化能,b 和 g 分别是成核速率和生长速率的常数,ρ 为晶体密度,K_v 为体积形状因子,U 为总传热系数,A_c 为总传热表面积,M 为结晶器中溶剂的质量,c_p 是溶液的热容,ΔH 是反应热,V 为结晶器体积,R 是理想气体常数,k_b 和 k_g 是影响成核率和生长活化率的指前因子,C_s 为溶质饱和浓度,给定为

$$C_s = 6.29 \times 10^{-2} + 2.46 \times 10^{-3}T - 7.14 \times 10^{-6}T^2 \qquad (6.58)$$

表 6.10 给出了 Rawlings 等[25]研究考虑的参数。

表 6.10　结晶过程中考虑的参数

$b\ (-)$	1.45	$g\ (-)$	1.5
$k_b/(\min\ \mu\ m^3)^{-1}$	1.710×10^4	$k_g/(\mu\ m/\min)$	8.640×10^9
$E_b/R/(K)$	7 517	$E_g/R/(K)$	4 859
$U/(kJ/m^2\ \min\ K)$	300	A_c/m^2	0.25
$\Delta H_c/(kJ/kg)$	44.5	$C_p/(kJ/K\ kg)$	3.8
M/kg	27.0	$\rho/(g/\mu \cdot m^3)$	2.66×10^{-12}
$k_v(-)$	1.5	$t_f/\min$	30

为了求解该积分 – 微分系统,可以采用多种方法,如:有限差分法、有限体积法、有限元法、正交配置法、特征法、类法和矩量法[30]。在该应用中,使用了矩量法。基本上,在这种方法中,一个叫做力矩的新变量被定义为

$$\mu_j \equiv \int_0^\infty L^j n(L)\,\mathrm{d}L \qquad (6.59)$$

通过该新变量的定义,种群平衡可以转化为一个纯微分等价系统。为此,将总体平衡乘以 L_j 并进行积分,得到一个用力矩表示的方程[30]:

$$\int_0^\infty L^j\left(\frac{\partial n}{\partial t} + \frac{\partial(Gn)}{\partial L}\right)\mathrm{d}L = 0 \qquad (6.60)$$

然后,Mesbah[30]给出了以矩表示的新系统:

$$\frac{\mathrm{d}}{\mathrm{d}t}\begin{bmatrix}\mu_0\\\mu_1\\\mu_2\\\mu_3\\\mu_4\end{bmatrix}=\begin{bmatrix}B_0\\\mu_0 G\\2\mu_1 G\\3\mu_2 G\\4\mu_3 G\end{bmatrix} \qquad (6.61)$$

式中,通过使用晶体的初始分布和公式(6.59)确定该新变量向量的初始条件。物理上,零动量(μ_0)是系统中晶体的总数。第一阶矩(μ_1)是系统中晶体的总长度。通过将二阶矩(μ_2)乘以面积形状因子得到系统的表面积,而晶体的总体积相当于将三阶矩(μ_3)乘以体积形状因子。晶体的总质量是三阶矩乘以密度和体积形状因子。晶体的平均尺寸由μ_4/μ_3给出[25-27,30]。如前文所述,本研究中的目标函数是通过确定夹套温度分布来最小化晶体生长速率(f_1)和最大化晶体平均尺寸(f_2)。这些功能定义为

$$\min f_1 \equiv \int_0^{t_f} G\mathrm{d}t \qquad (6.62)$$

$$\max f_2 \equiv \frac{\mu_4(t_f)}{\mu_3(t_f)} \qquad (6.63)$$

为确定控制变量,如夹套温度分布(T_j),该变量通过使用 20 个恒定等间距控制元件离散,并由以下域定义[25-27]:$30\ ℃ \leq T_j \leq 50\ ℃$。为了评估使用 SA-MODE 获得的结果,使用 MODE 算法进行比较。模式参数如下:种群大小(50)、迭代次数(100)、交叉概率(0.9)、扰动率(0.9)、伪曲线数(10)和减少率(0.9)。对于 SA-MODE,采用以下参数:最小种群大小(25)、最大种群大小(50)、迭代次数(100)和 K 参数(40%)。为了解决仿真问题,使用了五阶 Runge-Kutta 方法,考虑提出的参数,MODE 需要 $1\ 050(50+100\times100)$ 次目标函数评估。

图 6.28 显示了结晶过程问题的帕累托曲线。

在该图中,可以观察到两个目标之间的冲突特征,即其中一个目标函数的改进会导致另一个目标函数的恶化,反之亦然。在这种情况下,可以观察到,一方面,f_1 最小化方面的更优值导致 f_2 的最小值,这是不可取的。另一方面,f_2 的最大化导致 $f1$ 的最大值,这从优化的角度来看是不可取的。

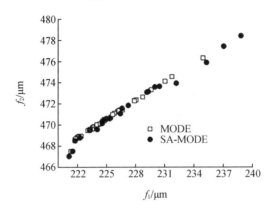

图 6.28　结晶过程问题的帕累托曲线

表 6.11　结晶过程的帕累托曲线的选择点

选择点	每个离散点的夹套温度/℃										$f_1/\mu m$	$f_2/\mu m$
A	T_{j1}	T_{j2}	T_{j3}	T_{j4}	T_{j5}	T_{j6}	T_{j7}	T_{j8}	T_{j9}	T_{j10}	221.12	467.02
	48.29	43.02	38.34	40.98	34.14	31.01	30.95	34.71	46.98	33.01		
	T_{j11}	T_{j12}	T_{j13}	T_{j14}	T_{j15}	T_{j16}	T_{j17}	T_{j18}	T_{j19}	T_{j20}		
	31.52	30.16	30.20	30.94	32.65	30.89	35.69	37.93	40.52	43.17		
B	T_{j1}	T_{j2}	T_{j3}	T_{j4}	T_{j5}	T_{j6}	T_{j7}	T_{j8}	T_{j9}	T_{j10}	241.50	479.55
	41.40	33.57	33.09	30.34	30.46	30.24	33.88	30.52	30.29	30.43		
	T_{j11}	T_{j12}	T_{j13}	T_{j14}	T_{j15}	T_{j16}	T_{j17}	T_{j18}	T_{j19}	T_{j20}		
	34.67	30.08	30.14	31.77	30.63	30.71	33.45	30.53	30.19	30.31		

在目标函数评估次数方面,SA-MODE 需要 5 435 次评估,比 MODE 算法减少了约 46%。

表 6.11 给出了由 SA-MODE 得到的帕累托曲线(每个目标函数的极值)的选择点。

图 6.29 给出了考虑使用 SA-MODE 找到的极值点的控制变量概要,如表 6.11 所示。

对于控制变量剖面,可以看出对于平均夹套温度(A 点)f_1 的最小值,对于较低夹套温度(B 点)f_2 的最大值。在这种情况下,得到的帕累托曲线提供了一组最优配置,其中可以通过给定的准则选择在实践中要实施的温度控制的最优策略。

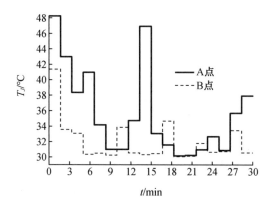

图 6.29 结晶过程问题的控制变量剖面

图 6.30 展示了使用 SA-MODE 的收敛速度、种群大小和 DE 参数的演化。在这张图中,可以观察到进化过程迅速收敛到帕累托曲线,所以曲线下方的面积趋于一个常数。在这种情况下,总体规模迅速减小到最小值,从而减少了目标函数评估的数量。此外,演化过程中 DE 参数的演化如图 6.31 所示。

当前问题数学建模的更多细节可以参考 Rawlings 等[25-26] 和 Shi 等[27] 的研究。

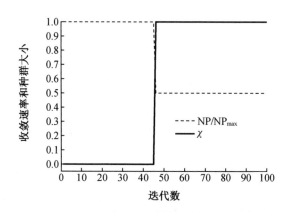

图 6.30 结晶过程问题的收敛速度和群体大小

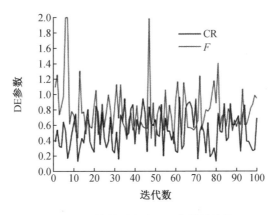

图 6.31　结晶过程中 DE 参数的演化

6.9　回转烘干机

回转烘干机是一种常用的设备干燥颗粒物料在一系列食品和矿物加工行业。逆流级联式回转烘干机中气相的温度和湿度、固相的温度和湿度稳定分布的实验形状可以用来测试数学模型,并找到最佳的传热和传质系数值[31-32]。基本上,该设备由一个相对于水平位置倾斜一个小角度的圆柱壳组成。为了促进气固接触,烘干机配备了提升飞行,平行放置在壳的长度,这提升固体和使他们雨穿过烘干机的部分[31]。回转烘干机方案如图 6.32 所示。

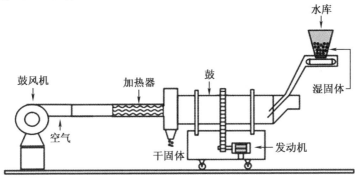

图 6.32　回转烘干机示意图(改编自 Arruda[31])

在数学上,描述干燥现象的模型是用两点边值问题来同时模拟传质和传

133

热。这些平衡方程描述了空气湿度和温度的变化以及沿壳体的湿固体的湿度和温度的变化。此外,还需要用本构方程来表示干燥动力学和热损失系数方程。

Arruda[31]开发了回转烘干机体积离散单元中两相的质量和能量平衡,描述了逆流级联回转烘干机中气相和固相的温度和湿度分布。该数学模型如下:

(1)气体湿度(W):

$$\frac{dW}{dz} = -\frac{R_W H}{G_f}$$ (6.64)

(2)固体含水量(M):

$$\frac{dM}{dz} = -\frac{R_W H}{G_s}$$ (6.65)

(3)气体温度(T_f):

$$\frac{dT_f}{dz} = \frac{U_a V(T_f - T_S) + R_w H(\lambda + C_{pv} T_f) + U_p \pi DL(T_f - T_{amb})}{G_f(C_{pf} + W C_{pv})}$$ (6.66)

(4)固体温度(T_S):

$$\frac{dT_S}{dz} = \frac{U_a V(T_f - T_S) + R_W H C_{pl} T_S - R_W H(\lambda + C_{pv}(T_f - T_S))}{G_S(C_{pS} + M C_{pl})}$$ (6.67)

(5)边界条件:$T_f(1) = T_{f0}$;$T_S(1) = T_{S0}$;$W(1) = W_0$;$M(1) = M_0$。

在这些平衡方程中,C_{pf}是干空气的比热(kJ/kg℃),C_{pS}是固体的比热(kJ/kg℃),C_{pv}是水蒸汽的比热(kJ/kg℃),C_{pl}是液态水的比热(kJ/kg℃),D是旋转干燥器的内径(m),G_S是固体的质量流率(kg/s),G_f是空气的质量流率(kg/s),H是烘干机上的固含率(kg),L为干燥器长度(m),R_w是干燥速率(s^{-1}),T_{amb}是环境空气温度(℃),U_a是空气和干固体之间的体积传热系数(kJ/s m^3℃),U_p是热损失系数(kJ/(m^2 s℃)),V为干燥器体积(m^3),z是长度的无量纲,t是停留时间(s),λ是水的蒸发潜热(kJ/kg)。烘干速率用式(6.68)表示:

$$-R_W = \frac{(MR - 1)(M_0 - M_{eq})}{t}$$ (6.68)

在本文中,用 Page 方程[33]计算无量纲水分(MR),如式(6.69)。

$$MR = \exp\left(-C_1 \exp\left(\frac{-C_2}{T_f}\right)t^{C_3}\right)$$ (6.69)

式中,t可从涉及沿烘干机位置(z)的关系中得到,Page 方程参数 C_i($i = 1, 2, 3$),固体流动速度(v_s):

$$t = \frac{z}{v_s} = \left(\frac{TR}{L}\right)z$$ (6.70)

吸收等温线如公式(6.71),并由实验室条件下得到的改进的 Halsey 方程[34]计算得到,特别针对本书所使用的材料。

$$M_{eq} = \left(\frac{-\exp(-0.044\,5T_S - 2.079\,5)}{\ln(U_R)} \right)^{\frac{1}{1.434\,9}} \qquad (6.71)$$

式中,U_R 为空气的相对湿度。

体积传热系数由公式(6.72)描述,热损失系数由式(6.73)给出。

$$U_a = 30.535(G_f)^{0.289}(G_s)^{0.541} \qquad (6.72)$$

$$U_p = k_P(G_f)^{m_P} \qquad (6.73)$$

式中,k_p、m_p 为常数,G_f、G_s 为

$$G_f = \frac{1.510^{-3}APMM_{ar}}{R(T_{f0} + 273.15)(1 + W_0)} \qquad (6.74)$$

$$G_s = \frac{G_{SU}}{(1 + M_0)} \qquad (6.75)$$

式中,A 为烘干机的截面积(m^2),P 为压力(atm),M_{Mar} 为空气的分子质量(kg/kmol),R 为理想气体常数(($atm\ m^3$)/(mol K))。烘干机中干燥固体的滞留量为

$$H = \frac{G_s TRz}{1 + M_0} \qquad (6.76)$$

式中,TR 为固体在烘干机中的停留时间(s)。

潜热如式(6.77)[35]:

$$\lambda = 2\,492.71\,2.144T_s - 0.001\,577T_s^2 - 7.335\,3 \times 10^{-6}T_s^3 \qquad (6.77)$$

热损失由 Douglas 等[36]给出的相关性得出:

$$Q_P = U_P \pi DL(T_f - T_{amb}) \qquad (6.78)$$

本节制定的多目标优化问题是基于 Lobato 等人[32]的工作。在该原始的案例研究中,目的是制定一个反问题来评估烘干动力学本构方程的特征参数和热损失系数的回转烘干中试装置,其中肥料颗粒化的简单过磷酸钙(SSPG)作为湿材料。在此应用中,提出了一个新的优化问题,考虑了两个相互冲突的目标:通过确定回转烘干机的干燥空气入口温度(T_{f0})、固体流动速度(v_{air})和固体质量流量(G_{SU}),使烘干机长度末端的固体含水率最小化和热损失最小化。

在评价所提出的方法时,需强调:

(1)目标函数:最小化干燥器长度($f_1 \equiv M(1)$)末端的固体水分含量,并最小化热损失 $(f_2 \equiv \int_0^1 Q_p dz)$

（2）设计空间[31]：77℃≤T_{f0}≤99 ℃；1.1 m/s≤v_{air}≤3.9 m/s 和 0.72 kg/s≤G_{SU}≤1.28 kg/s；

（3）湿材料：肥料粒化简单的过磷酸盐（SSPG），在水中的组成约为 16% ~ 24% 的脱 P_2O_5，7% ~8% 的游离酸、水和其他物质；

（4）MODE 参数：种群大小（50）、迭代次数（200）、交叉概率（0.8）、扰动率（0.8）、伪曲线数（10）和减少率（0.9）；

（5）SA-MODE 参数：最小种群大小（25）和最大种群大小（50）、迭代次数（200）和 K 参数（40%）；

（6）为了整合该边界值问题，使用了配置方法。

表 6.12 给出了产生帕累托曲线时所考虑的操作条件和物理化学参数。

表 6.13 给出了使用 SA-MODE 得到的帕累托曲线的选定点（每个目标函数的极值），如图 6.33 所示。

表 6.12　回转烘干机问题中考虑的操作条件和理化参数

$M(z=0) = 0.112\ 4$；$W(z=1) = 0.005\ 7$；$T_s(z=0) = 32.3$ ℃；$UR = 0.172\ 1$；

$C_{ps} = 1.025\ 77$ kJ/(kg ℃)；$C_{pf} = 1$ kJ/(kg ℃)；$C_{pl} = 4.186\ 8$ KJ/(kg ℃)；

$C_{pv} = 1.172\ 3$ k・J/(kg ℃)；$A = r^2$ m^2；$r = 0.15$ m；$MM_{ar} = 28.9$ g/gmol；

$R = 8.2 \times 10^{-5}$ (atm m^3)/(mol K)；$P = 0.91$ atm；$L = 1.40$ m；$V = LA$ m^3；

$D = 2r$ m；$T_{amb} = 35$ ℃；TR = 327 s（0≤t≤TR）；$C_1 = 98.922$ s^{-1}；

$C_2 = 368.079$ ℃；$C_3 = -0.697$；$k_p = 46.373$ kJ/(m^2s ℃)；$m_p = 3.016$

表 6.13　回转烘干机问题的帕累托曲线选择点

T_{f0}/℃	v_{air}/(m/s)	G_{SU}/(kg/s)	f_1(-)	f_2/(kJ/s)
98.966	1.101	0.725	0.099	0.861
71.330	1.101	1.276	0.109	0.601

在收敛性和分集性方面，应用 SA-MODE 方法得到了较好的结果。如图 6.33所示，考虑的目标函数是相互冲突的。物理上，增加加热流体的入口温度增加干燥速率，因此，一方面，有利于减少固体水分在干燥器长度的末端；另一方面，提高加热液入口温度有利于热损失。从实验的角度来看，这一观察结果是一致的，因为旋转干燥机没有隔热和高进口空气温度会导致由金属板构成的干燥机壁的温度增加。旋转干燥机内部温度与环境温度之间的温度梯度有

利于设备壁的热量损失。

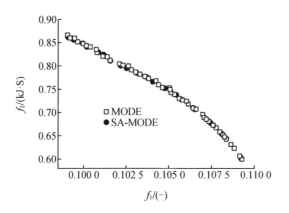

图6.33　回转烘干机问题的帕累托曲线

从目标函数评价次数来看,MODE 和 SA-MODE 分别需要 200 050 (50 + 100 ×200) 和 7 051 次评价。这表明 SA-MODE 与 MODE 相比降低了约 65% 的评估。

图 6.34 和 6.35 给出了 SA-MODE 在进化过程中所需的收敛速度、种群大小和 DE 参数。

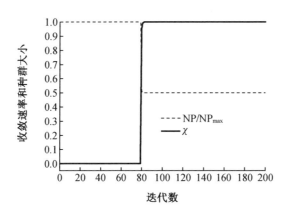

图6.34　回转烘干机问题的收敛速度和种群大小

从其他测试用例中可以看出,经过第一代 K 次迭代后,收敛速度趋于 1,即曲线下的面积变为常数。在这种情况下,随着收敛速度趋近于 1,种群大小趋近于最小(图 6.34)。在图 6.35 中,可以观察到 DE 参数的动态更新,考虑到进化过程和种群大小的信息。

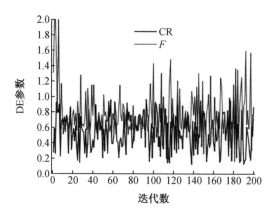

图 6.35   回转烘干机 DE 参数的演变

6.10   转子动力学设计

旋转机械的研究是非常重要的,因为在工业上的各种应用,如汽车、航空航天和发电。由于不同的现象,转子 - 轴承系统可以提出许多问题,可以影响机器的动态行为,如压缩机、泵、电机、离心机、大大小小的涡轮机。数学上,用于计算不平衡力、固有频率和振型的模型通常采用有限元法得到。因此,离散转子模型由对称刚性盘单元、对称铁神科光束单元、非对称耦合单元和非对称粘滞阻尼轴承组成,如图 6.36 所示[37]。

为了表示系统的动力学,需要两个参考系统,即惯性系(X, Y, Z)和固定在磁盘上的系(x, y, z)[38]。利用稳态条件下的 Lagrang 方程,将转子模型表示为如下矩阵微分方程[39]:

$$M \ddot{q} + C \dot{q} + Kq = F_1 + F_2 \sin(\Omega t) + F_3 \cos(\Omega t) + F_4 \sin(a\Omega t) + F_5 \cos(a\Omega t)$$

(6.79)

式中,q 为 N 阶广义坐标位移矢量,K 为刚度矩阵,其中考虑了光束的对称矩阵和轴承的非对称矩阵,C 为包含陀螺效应引起的反对称矩阵和轴承粘滞阻尼引起的非对称矩阵的矩阵,F_1 是恒定的物体力如重力,F_2、F_3 为不平衡力,F_4 和 F_5 为非同步效应的力,a 是一个常数。

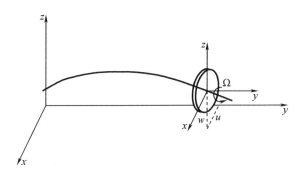

图6.36　转子参考帧(改编自 Lobato 等[37])

本应用首先设计了一个转子－轴承系统,该系统以最大化系统的第五和第六临界速度差为例,其有限元模型由17个光束单元、3个刚性盘、2个轴承和2个额外质量组成,如图6.37[37]所示。

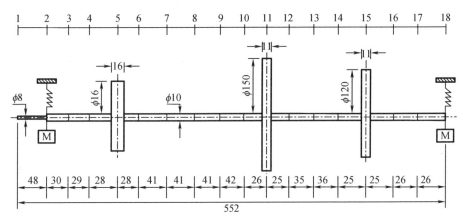

图6.37　转子－轴承系统有限元模型(改编自 Lobato 等[37])

轴和圆盘用的材料为1020钢(密度 =7 800 kg/m³,弹性模量 =2.1E11 N/m²,泊松系数 =0.3)。轴的几何形状是这样的,直径和长度分别为10 mm 和552 mm。磁盘的几何特性如表6.14[37]所示。

表6.14　转子动力学设计问题磁盘的几何特性

磁盘	质量/kg	转动惯量/($kg \, m^2$)	外径/mm	厚度/mm
1	0.818	0.000 8	90	16.0
2	1.600	0.004 5	150	11.2
3	0.981	0.001 8	120	10.6

在数学上,优化问题可以由 Lobato 等提出[37]:

$$\min f_1(x) \equiv (\text{ROT}_{\inf} - a_1 v_c(5))^2 \tag{6.80}$$

$$\min f_2(x) \equiv (v_c(6) - a_2 \text{ROT}_{\sup})^2 \tag{6.81}$$

式中,v_c是临界速度矢量,ROT_i是允许旋转($i = \inf$ 或 $\sup$),$a_1 = 1.3$ 和 $a_2 = 1.3$。

为了评价在这项工作中提出的方法,一些实际要点的优化程序的应用应强调:

(1)设计变量如下:杆件半径(x_i),其中设计空间:$0.4 \text{ mm} \leqslant x_i \leqslant 0.8 \text{ mm}$

(2)$\text{ROT}_{\inf} = 1\,400 \text{ Hz}$ 和 $\text{ROT}_{\sup} = 1\,900 \text{ Hz}$;

(3)为了解决优化问题,使用 NSGA Ⅱ算法考虑以下参数:种群大小(50)、交叉概率(0.8)、变异概率(0.01)和迭代次数(250)。对于所考虑的参数,目标函数评估的数量为 12 550。SAMODE 参数如下:最小种群大小(25)和最大种群大小(50)、迭代次数(200)和 K 参数(40%);

(4)停止标准:最大生成数。

图 6.38 显示了通过 NSGA Ⅱ和 SA-MODE 获得的帕累托曲线。总之,SA-MODE 获得的结果略优于 NSGA Ⅱ获得的结果。

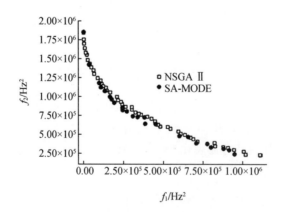

图6.38　转子动力学设计问题的帕累托曲线

表6.15 给出了 SA-MODE 获得的帕累托曲线的选择点。

表6.15　转子动力学设计问题的 SA-MODE 选取点

x_1/mm	0.768	0.414
x_2/mm	0.525	0.430
x_3/mm	0.759	0.438
x_4/mm	0.777	0.429
x_5/mm	0.410	0.423
x_6/mm	0.626	0.416
x_7/mm	0.439	0.425
x_8/mm	0.773	0.426
x_9/mm	0.477	0.424
x_{10}/mm	0.761	0.423
x_{11}/mm	0.727	0.417
x_{12}/mm	0.536	0.421
x_{13}/mm	0.588	0.402
x_{14}/mm	0.768	0.436
x_{15}/mm	0.407	0.437
x_{16}/mm	0.475	0.432
x_{17}/mm	0.758	0.406
f_1/Hz^2	2.628×10^6	9.472×10^5
f_2/Hz^2	1.851×10^6	2.377×10^5

关于目标函数评估次数,NSGA Ⅱ和 SA-MODE 需要 12 550($50 + 50 \times 250$)和 7 050 次评估。这表示与 NSGA Ⅱ相比,SA-MODE 减少了约44%。

图6.39 和6.40 给出了 SA-MODE 在进化过程中所需的收敛速度、种群大小和 DE 参数。在图 6.39 中可以观察到,经过 K 次迭代后,收敛速度迅速趋近于1,种群大小趋于最小。在该过程的最后,收敛速度下降,从而增加了种群的大小,因为非支配点的产生改变了曲线下的区域,从而改变了收敛速度。此外,随着工艺的发展,DE 参数也在不断更新,如图6.40 所示。

该应用程序相关的数学建模的更多细节可以参考 Assis 和 Steffen[38]、Lobato 等[37]的研究。

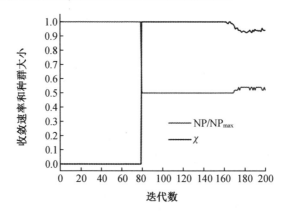

图 6.39　转子动力学设计问题的收敛速度和种群大小

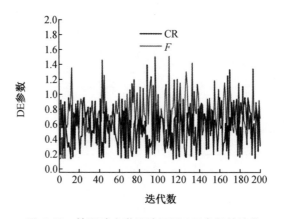

图 6.40　转子动力学设计问题 DE 参数的演化

6.11　总　　结

　　直观上,可以承认存在一个最优的 DE 参数集,可以找到问题的解决方案,并减少目标函数的评估数量。然而,对每个测试用例都要实现对这些最优参数的搜索,这需要很高的计算成本。此外,每种进化策略所考虑的参数在整个过程中不一定是恒定的(对于编码而言,恒定参数的假设简化了实现)。为简化优化算法的使用,提出了仅考虑进化过程本身信息的动态更新 DE 参数的 SA-MODE。

本章研究了一系列复杂程度不同的工程问题,将 SA-MODE 的结果与其他演化策略的结果进行比较。总之,可以观察到所提出的方法被配置为解决 MOOP 的一个有趣的替代方案,确保了其他方法找到的解决方案的相同质量。但 SA-MODE 所需的目标函数评估次数少于其他演化算法,如表 6.16 所示。在该表中,使用 SA-MODE 获得的客观评价次数较好的结果可以被证明是由于两个原因:(1)DE 参数是利用进化过程的信息动态更新的,即过程相对于种群多样性的收敛性;(2)通过收敛率的概念减少种群大小。

表 6.16　工程测试用例的多目标优化算法性能

算例	PMOGA	MODE	NSGA Ⅱ	MOFC	SA-MODE
6.1	25 050	15 030	–	–	7 112
6.2	100 200	25 050	–	–	7 744
6.3	–	–	–	2 550	1 825
6.4	–	–	–	50 100	14 150
6.5	–	–	10 050	10 050	4 020
6.6	–	–	10 050	10 050	3 550
6.7	–	20 050	12 550	–	5 310
6.8	–	10 050	–	–	5 435
6.9	–	20 050	–	–	7 051
6.10	–	–	12 550	–	7 050

考虑到以上工程应用,DE 的参数范围为:最小种群大小(25)和最大种群数量(100)、迭代次数(100 – 500)、K 参数(40%)、算法策略 rand/bin。种群大小、交叉概率和扰动率通过使用第 4 章提出的策略进行动态更新。值得一提的是,虽然需要为 DE 参数定义一个范围来初始化 SA-MODE,但这些参数是根据进化过程的信息动态更新的,而不依赖于用户的选择。

参 考 文 献

[1]　Castro, R. E.: Optimization of structures with multi-objective using genetic

algorithms. Thesis (in Portuguese), COPPE/UFRJ, Rio de Janeiro (2001)

[2] Lobato, F. S., Steffen, V. Jr.: Engineering system design with multi-objective differential evolution. In: 19th International Congress of Mechanical Engineering, Brasília (2007)

[3] Lobato, F. S.: Multi-objective optimization for engineering system design. Thesis (in Portuguese), Federal University of Uberlândia, Uberlândia (2008)

[4] Ramos, C. A. D., Barbosa, C. A, Miranda, P. R. R., Machado, A. R.: Machinability of a martensitic stainless steel in end milling operation using surface response methodology. In: 17th International Congress of Mechanical Engineering, November 10 – 14, São Paulo (2003)

[5] Lobato, F. S., Souza, M. N., Silva, M. A., Machado, A. R.: Multi-objective optimization and bioinspired methods applied to machinability of stainless steel. Appl. Soft Comput. 22, 261 – 271 (2014)

[6] Silva, D. O., Vieira, L. G. M., Lobato, F. S., Barrozo, M. A. S.: Optimization of hydrocyclone performance using multi-objective firefly colony algorithm. Sep. Sci. Technol. 48, 1891 – 1899 (2013)

[7] Rangaiah, G. P.: Multi-objective Optimization, Techniques and Applications in Chemical Engineering. Advances in Process Systems Engineering, 1st edn. World Scientific, Singapore (2009)

[8] Edgar, T. F., Himmelblau, D. M., Lasdon, L. S.: Optimization of Chemical Processes. McGrawHill, New York (2001)

[9] Luus, R., Jaakola, T. H. I.: Optimization by direct search and systematic reduction of the size of search region. AIChE J. 19, 760 – 766 (1973)

[10] Seider, W. D., Seader, J. D., Lewin, D. R.: Product and Process Design Principles: Synthesis, Analysis, and Evaluation. Wiley, New York (2003)

[11] Luus, R.: Optimization of Systems with Multiple Objective Functions, pp. 3 – 8. International Congress, European Federation of Chemical Engineering, Paris (1978)

[12] Lobato, F. S., Steffen, V. Jr.: Multi-objective optimization firefly algorithm applied to (bio)chemical engineering system design. Am. J. Appl. Math. Stat. 1(6), 110 – 116 (2013)

[13] Ghose, T. K., Gosh, P.: Kinetic analysis of gluconic acid production by Pseudomonas ovalis. J. Chem. Technol. Biotechnol. 26, 768 – 777

（1976）

[14] Johansen, T. A. , Foss, B. A. : Semi-empirical modeling of non-linear dynamic systems through identification of operating regimes and locals models. In: Hunt, K. , Irwin, G. , Warwick, K. (eds.) Neural Network Engineering in Control Systems, pp. 105 – 126. Springer, Berlin (1995)

[15] Gun, D. J. , Thomas, W. J. : Mass transport and chemical reaction in multifunctional catalyst systems. Chem. Eng. Sci. 20, 89 – 100 (1965)

[16] Logist, F. , Houska, B. , Diehl, M. , van Impe, J. F. : A toolkit for efficiently generating Pareto sets in (bio) chemical multi-objective optimal control problems. In: European Symposium on Computer Aided Process Engineering-ESCAPE20 (2010)

[17] Logsdon, J. S. : Efficient determination of optimal control profiles for differential algebraic systems. Ph. D. Thesis, Carnegie Mellon University, Pittsburgh, PA (1990)

[18] Vassiliadis, V. : Computational solution of dynamic optimization problems with general differential-algebraic constraints. Ph. D. Thesis, University of London, London (1993)

[19] Lobato, F. S. : Hybrid approach for dynamic optimization problems. M. Sc. Thesis (in Portuguese), FEQUI/UFU, Uberlândia (2004)

[20] Lobato, F. S. , Steffen, V. Jr. : Solution of optimal control problems using multi-particle collision algorithm. In: 9th Conference on Dynamics, Control and Their Applications, June 2010

[21] Souza, D. L. , Lobato, F. S. , Gedraite, R. : Robust multiobjective optimization applied to optimal control problems using differential evolution. Chem. Eng. Technol. 1, 1 – 8 (2015)

[22] McCabe, W. L. , Smith, J. C. , Harriott, P. : Unit Operation of Chemical Engineering, 5th edn. McGraw-Hill, New York (1993)

[23] Myerson, A. S. : Handbook of Industrial Crystallization, 242 pp. Butterworth-Heinemann, Boston (1993)

[24] Jones, A. G. : Crystallization Process Systems, 1st edn. Butterworth-Heinemann, Oxford (2002)

[25] Rawlings, J. B. , Miller, S. M. , Witkowski, W. R. : Model identification and control of solution crystallization process. Ind. Eng. Chem. Res. 32, 1275 – 1296 (1993)

[26] Rawlings, J. B. , Slink, C. W. , Miller, S. M. : Control of crystallization processes. In: Myerson, A. S. (ed.) Handbook of Industrial Crystallization, 2nd edn. , pp. 201 – 230. Elsevier, Amsterdam (2001)

[27] Shi, D. , El-Farra, N. H. , Li, M. , Mhaskar, P. , Christofides, P. D. : Predictive control of particle size distribution in particulate processes. Chem. Eng. Sci. 61, 268 – 281 (2006)

[28] Paengjuntuek, W. , Kittisupakorn, P. , Arpornwichanop, A. : Optimization and nonlinear control of a batch crystallization process. J. Chin. Inst. Chem. Eng. 39, 249 – 256 (2008)

[29] Gamez-Garcia, V. , Flores-Mejia, H. F. , Ramirez-Muñoz, J. , Puebla, H. : Dynamic optimization and robust control of batch crystallization. Proc. Eng. 42, 471 – 481 (2012)

[30] Mesbah, A. : Optimal Operation of Industrial Batch Crystallizers – A Nonlinear Model-based Control Approach. CPI Wohrmann Print Service, Zutphen (2010). ISBN 978 – 90 – 9025844 – 7

[31] Arruda, E. B. : Drying of fertilizers in rotary dryers. PhD Thesis (in Portuguese). School of Chemical Engineering, Federal University of Uberlândia, Uberlândia (2008)

[32] Lobato, F. S. , Arruda, E. B. , Barrozo, M. A. S. , Steffen, V. Jr. : Estimation of drying parameters in rotary dryers using differential evolution. J. Phys. Conf. Ser. 135, 1 – 8 (2008)

[33] Page, G. E. : Factors influencing the maximum rates of air drying shelled corn in thin-layer. Dissertation, Purdue University, Indiana – USA (1949)

[34] Osborn, G. S. , White, G. M. Sulaiman, A. H. , Welton, L. R. : Predicting equilibrium moisture proportions of soybeans. Trans. ASAE 32(6) , 2109 – 2113 (1989)

[35] McCabe, W. L. , Smith, J. C. : Operaciones Básicas de Ingeniería Química. Editorial Reverté S. A. , Barcelona (1972)

[36] Douglas, P. L. , Kwade, A. , Lee, P. L. , Mallick, S. K. : Simulation of a rotary dryer for sugar crystalline. Dry. Technol. 11(1) , 129 – 155 (1993)

[37] Lobato, F. S. , Assis, E. G. , Steffen, V. Jr. , Silva Neto, A. J. : Design and identification problems of rotor bearing systems using the simulated annealing algorithm. In: de Sales Guerra Tsuzuki, M. (ed.) Simulated Annealing-Single and MultipleObjective Problems, 197 – 16, 284 pp.

InTech，Rijeka（2012）. ISBN 978 – 953 – 51 – 0767 – 5

[38] Assis，E. G.，Steffen，V. Jr.：Inverse problem techniques for the identification of rotor-bearing systems. Inverse Prob. Sci. Eng. 11(1)，39 – 53（2003）

[39] Lalanne，M.，Ferraris，G.：Rotordynamics Prediction in Engineering. Wiley，New York（1998）

第7章 结　　论

在现代工程系统设计时,由于市场对实现越来越多的目标的需求日益增长,因此关注更多从工业的角度来看现实的问题,最近所谓的多准则优化问题(多目标或矢量优化)值得重视,需要开发用于解决这些问题的算法和特定软件。要考虑的大多数目标反过来又是相互冲突的,即任何一个目标的改进并不一定会导致其他目标的改进。复杂工程问题的最优解与单一目标的最优解不同,它与形成帕累托曲线的非支配解有关,也被称为帕累托最优解或帕累托前沿。

在文献中,有两种获得帕累托曲线的方法:利用微分学的确定性方法和基于自然选择过程的非确定性方法、群体遗传学或纯结构方法论。近几十年来,非确定性方法的使用引起了科学界的关注,这主要是因为它们不使用衍生品,而且由于其概念通常很简单,所以很容易实现。此外,数字计算的快速发展也是这些技术成功的决定性因素,其处理时间随着数字处理性能的提高,处理时间(多于经典方法所需的时间)大大缩短。

传统上,在优化过程中,每个算法所需的参数(确定性或非确定性)都被视为常数。该特性在计算编码方面简化了算法。然而,这并不能保证可以找到最优解,或者问题对这些参数不敏感。在实践中,一组允许找到最佳解决方案并减少所需目标函数评估数量的最佳参数非常重要。为此,应进行灵敏度分析,以找到每个测试用例的这些参数。虽然该过程简单且易于实现,但它相当无聊,需要较高的计算成本。

在此背景下,使用自适应多目标优化差分进化(SA-MODE)算法是合理的。这种新的多目标进化策略包括对多目标问题差分进化(DE)算法的扩展,将秩排序和拥挤距离两个经典算子合并到原始算法中,在考虑进化过程本身信息的情况下结合两种方法动态更新 DE 参数。在这些算子中,每种参数都通过使用不同的策略进行动态更新。交叉参数和扰动率使用总体方差概念[1]更新,该概念是针对单目标环境定义的。人口规模通过使用收敛速度的概念进行更新,收敛速度是通过计算目标空间中非支配解定义的曲线下的面积来计算的(对于双目标问题),如第4章所述。

为了评估 SA-MODE 算法的性能,研究了一组数学函数。这些测试用例显示了凸和凹帕累托曲线、几个不相交的连续凸部分、多模态问题、沿最优解的解密度不均匀的凹帕累托曲线以及约束函数。使用提出的方法获得的结果与其他进化策略获得的结果进行了比较,并与解析解进行了比较。总的来说,结果表明 SA-MODE 算法能够成功地获得帕累托曲线,且目标函数评估的数量较少。在这些应用中,SA-MODE 获得的收敛性和多样性度量始终低于 MODE 获得的收敛性和多样性度量,在某些情况下,低于 NSGA Ⅱ 获得的收敛性和多样性度量。因此,值得注意的是,本文的主要目标是提出一种新的多目标优化算法,以便在过程中更新 DE 参数,减少目标函数评估的数量。种群大小也会在优化过程中更新。值得一提的是,如果考虑到更多的个体和/或更多的迭代次数,所传达的案例研究可能会取得更好的结果。

在工程背景下,SA-MODE 算法被应用于具有不同复杂性的问题。研究了以下问题:工字梁的优化、焊接梁的优化、不锈钢可加工性的优化、水力旋流器的性能优化、烷基化过程的优化、间歇式搅拌釜式反应器(生化)的优化、催化剂优化混合问题、结晶过程、回转烘干机的优化和旋转机器的优化设计。在这些选定的问题中,考虑了代数和/或微分和/或积分 – 微分约束函数。正如之前对数学测试案例所观察到的那样,从工程问题中获得的结果非常有前景,即与经典进化算法的结果相比,所有问题在不损失帕累托曲线质量的情况下减少了目标函数评估的次数。

在 SA-MODE 中,从优化角度来看,两个特征非常具有吸引力:(1)解的质量;(2)DE 参数沿进化过程动态更新。K 参数定义了修改总体大小的瞬间,对于所有测试用例都固定为 40%。该值是在各种数值实验后发现的,对于所有分析的测试用例来说,它被认为是一个很好的猜测。应该强调的是,只有 rand/bin/1 策略(式(4.1))被认为是在 DE 算法中生成潜在候选。因此,不需要进行敏感性分析来评估所采用的策略对优化过程的影响。此外,虽然提出的方法已用于解决双目标问题,但它可以很容易地扩展到解决具有两个以上目标函数的问题。

应注意的是,本工作中未单独开发与本书中提出的方法相关的计算机代码中使用的运算符(积分运算符除外)。然而,所有这些算子的耦合构成了一种新的多目标优化算法,其中根据所考虑的每个问题的进化过程动态更新各种参数。

参 考 文 献

[1] Zaharie, D.: Control of population diversity and adaptation in differential evolution algorithms. In: Matouek, R., Omera P. (eds.) Proceedings of Mendel 2003, 9th International Conference on Soft Computing, pp. 41 – 46 (2003)